RÉPUBLIQUE FRANÇAISE

MINISTÈRE DE L'AGRICULTURE

GOUVERNEMENT GÉNÉRAL DE L'ALGÉRIE

CONCOURS GÉNÉRAL AGRICOLE DE L'ALGÉRIE ET DE LA TUNISIE

A CONSTANTINE

DU VENDREDI 29 MAI AU DIMANCHE 7 JUIN 1896

CATALOGUE

DES

ANIMAUX, INSTRUMENTS ET PRODUITS AGRICOLES

Prix : 0 fr. 50

MUSTAPHA

TYPOGRAPHIE GIRALT, IMPRIMEUR DU GOUVERNEMENT GÉNÉRAL

17, Rue des Colons, 17

1896

CONCOURS GÉNÉRAL AGRICOLE
A CONSTANTINE

1re DIVISION

ANIMAUX REPRODUCTEURS

1re CLASSE

ESPÈCE BOVINE

1re CATÉGORIE

Race de Guelma

Mâles

1re Section. — *Animaux de 1 à 2 ans, nés depuis le 1er avril 1894 et avant le 1er avril 1895*

(Prix unique pour animaux possédés par les européens **200** fr.)

1. — 16 m. — Gris clair. M. Bonnefoy, à Aïn-Smara (Constantine).
2. — 2 ans. — Gris blanc. M. Burgay, aux Ouled-Rhamoun, arrondissement de Constantine.
3. — 2 ans. — Noir. M. Moulins (Georges), à Renier, près Oued-Zenati (Constantine).

(Prix unique pour animaux possédés par les indigènes **180** fr.)

4. — 18 m. — Gris blanc. M. Lamery ben Ali, à Sidi-Mabrouk, près Constantine.
5. — 2 ans. — Gris. M. Mohamed ben Saïb, à Sidi-Mabrouk.

2e Section. — *Animaux de 2 à 3 ans, nés depuis le 1er avril 1893 et avant le 1er avril 1894*

(Prix unique pour animaux possédés par les européens **200** fr.)

6. — 2 ans. — Gris clair. M. Bonnefoy, précité.
7. — 3 ans. — Gris blanc. M. Burgay, aux Ouled-Rhamoun, précité.

8. — 2 ans. — Gris. M. Tournier (Joseph), au Col-des-Oliviers, près Constantine.

Femelles

1re Section. — *Génisses de 2 à 3 ans, nées depuis le 1er avril 1893 et avant le 1er avril 1894*

ANIMAUX POSSÉDÉS PAR DES EUROPÉENS :

(1er prix, **150** fr.; 2e prix, **125** fr.; 3e prix, **100** fr.)

9. — 2 ans. — Gris clair. M. Bonnefoy, précité.

10. — 2 ans. — Grise. M. Bube (Adrien), à Herbillon, arrondissement de Bône.

11. — 2 ans. — Gris blanc. M. Burgay, précité.

12. — 2 ans. — Le même.

13. — 2 ans. — Grise blanche. M. Samson (Gustave), à Sidi-Mabrouk.

14. — 3 ans. — Grise. Le même.

15. — 2 ans. — Grise. M. Théry (André), à St-Charles (Philippeville).

16. — 2 ans. — Blanche. M. Truchet, à Châbas-Rsas (Constantine).

17. — 2 ans. — Grise. M. Tournier (Joseph), au Col-des-Oliviers, précité.

ANIMAUX POSSÉDÉS PAR DES INDIGÈNES :

(1er prix, **75** fr.; 2e prix, **50** fr.)

18 — 2 ans. — M. Mohamed ben Saïb, précité.

19. — 3 ans. — Le même.

2e Section. — *Vaches de plus de 3 ans, nées avant le 1er avril 1893, pleines ou suitées*

ANIMAUX POSSÉDÉS PAR DES EUROPÉENS :

(1er prix, **250** fr.; 2e prix, **150** fr.; 3e prix, **100** fr.)

20. — 6 ans. — Grise. M. Bonnefoy, précité.

21. — 4 ans. — Grise. M. Bube (Adrien), précité.

22. — 4 ans. — Grise blanche. M. Burgay, précité.

23. — 9 ans. — Grise. M. Merle des Iles, à l'Oued-Athménia, arrondissement de Constantine.

24. — 5 ans. — Bigarrée. M. Moulins (Georges), à Renier, précité.

24bis. — 6 ans. — Blanche et noire. M. Jean SALQUES, à Sidi-Mabrouk, près Constantine.

25. — 5 ans. — Blanche grise. M. SAMSON, précité.

26. — 5 ans. — M. TOURNIER, au Col-des-Oliviers, précité.

27. — 4 ans. — Grise. Le même.

28. — 10 ans. — Blanche et grise. M. TRUCHET, précité.

ANIMAUX POSSÉDÉS PAR DES INDIGÈNES :

(1er prix, **100** fr. ; 2e prix, **75** fr.)

29. — 6 ans. — Grise blanche. M. LAMERY BEN ALI, précité.

30. — 7 ans. — Grise blanche. Le même.

31. — 5 ans. — M. MOHAMED BEN SAÏB.

32. — 7 ans. — Le même.

2e CATÉGORIE

Races algériennes et tunisiennes autres que celle de Guelma

Mâles

SECTION UNIQUE. — *Animaux de 1 à 3 ans, nés depuis le 1er avril 1893 et avant le 1er avril 1895*

(1er prix, **200** fr. ; 2e prix, **150** fr. ; 3e prix, **100** fr.)

33. — 2 ans. — Gris. M. BEAUD (Jules), à Sétif.

34. — 30 m. — Kabyle, gris foncé. M. BONNEFOY, précité.

35. — 2 ans. — Gris. M. BURGAY, précité.

36. — 18 m. — Medjerda, gris clair. M. DEGOUL (Jean), à l'Oued-Cham, arrondissement de Guelma (Constantine).

37. — 18 m. — Chaouia, rouge rouannée. M. LAMERY BEN ALI, précité.

38. — 15 m. — Croisé algér., gris. M. MOHAMED BEN SAÏB, précité.

39. — 3 ans. — id. Le même.

40. — 14 m. — Chaouia, rouanné. M. SAMSON (Gustave), père, à Sidi-Mabrouk, précité.

Femelles

1re SECTION. — *Génisses de 2 à 3 ans, nées depuis le 1er avril 1893 et avant le 1er avril 1894*

(1er prix, **150** fr. ; 2e prix, **125** fr. ; 3e prix, **100** fr.)

41. — 2 ans. — Kabyle, gris très foncé. M. BONNEFOY, précité.

42. — 2 ans. — Grise. M. BURGAY, précité.

43. — 2 ans. — Kabyle, blanche. M. Entz (Charles), à Constantine.

44. — 3 ans. — Algérienne. M. Lafforgue (Joseph), à Sidi-Mabrouk, près Constantine.

45. — 2 ans. — Croisée algérienne. M. Mohamed ben Saïb, précité.

46. — 2 ans. — Arabe, grise. M. « Nesnas » Ahmed ben Embarek.

47. — 2 ans. — Arabe, Guelma, marron foncé. M. Patsch (Angelo), à Constantine.

48. — 3 ans. — Grise. M. Picot (Emile), à Aïn-Kerma, arrondissement de Constantine.

49. — 2 ans. — Blanche, rouannée. M. Samson, précité.

50. — 2 ans. — Du cap Bon, rouge. Le même.

51. — 2 ans. — Blanche rouannée. M. Seguin (Antoine), au Bardo (Constantine).

52. — 2 ans. — Grise. M. Tournier, précité.

53. — 3 ans. — Algérienne. M. Taïb ben Khelifa, à Sidi-Mabrouk.

54. — 3 ans. — id. Le même.

55. — 2 ans. — Arabe croisée. M. Théry (André), précité.

56. — 2 ans. — Marron. M. Truchet, précité.

2e Section. — *Vaches de plus de 3 ans, nées avant le 1er avril 1893, pleines ou suitées.*

(1er prix, **200** fr. ; 2e prix, **150** fr. ; 3e prix, **100** fr.)

57. — 6 ans. — Kabyle, gris très foncé. M. Bonnefoy, précité.

58. — 5 ans. — Race algérienne, grise. M. Burgay, précité.

59. — 8 ans. — Medjerda, gris clair. M. Degoul, précité.

60. — 8 ans. — Race de Mateur (Tunisie). Le même.

61. — 6 ans. — Arabe, grisâtre. M. Dumestre, précité.

62. — 5 ans. — Kabyle, blanche. M. Entz, Charles, à Constantine.

63. — 4 ans. — Croisée algérienne. M. Mohamed ben Saïb, précité.

64. — 7 ans. — Id. Id.

65. — 8 ans. — Arabe, grise. M. Nesnas, Ahmed ben Embarek.

66. — 3 ans. — Algérienne-Guelma, froment foncé. M. Patsch, Angelo, précité.

67. — 6 ans. — Tunisienne, blanche rouannée. M. Antoine Seguin, au Bardo, précité.

68. — 3 ans. — Race algérienne. M. Tournier, précité.

69. — 12 ans. — Kabyle, marron-clair. M. Truchet, précité.

5e CATÉGORIE

Races d'Europe

1re Sous-Catégorie

Races laitières

Mâles

Section unique. — *Animaux de 1 à 3 ans, nés depuis le 1er avril 1893 et avant le 1er avril 1895.*

(Prix unique, **200** fr.)

70. — 3 ans.— Comtois, froment pie.	MM. Aboucaya frères, à Sétif.
71. — 3 ans. — Gris.	M. Burgay, précité.
72. — 15 mois — Salers, rouge foncé.	M. Degoul, précité.
73. — 2 ans 1/2. — Id.	Le même.
74. — 3 ans. — Breton, pie noir.	M. Lafforgue, précité.
75. — 3 ans. — Fribourg, noir.	M. Morel, Isaac, à Bouïra, près Sétif.
76. — 18 mois. — Schwitz, gris.	M. Niocel, Charles, à Sétif.
77. — 2 ans. — Ayr, marron blanc.	M. Truchet, précité.

Femelles

1re Section. — *Génisses de 2 à 3 ans, nées depuis le 1er avril 1893, et avant le 1er avril 1894.*

(1er prix, **200** fr. ; 2e prix, **150** fr.)

78. — 2 ans.— Suisse, noire blanche	M. Bure, précité.
79. — 2 ans.— Génisse, grise.	M. Burgay, précité.
80. — 2 ans.— Croisée.	M. Chiolero, Louis, à Constantine.
81. — 2 ans 1/2.— Aubrac, jaune clair	M. Degoul, précité.
81 bis. — 2 ans. — Noire.	M. Dmech, Charles, à Bizot (Constantine).
82. — 2 ans. — Durham, blanche	M. de Joussineaud de Tourdonnet, à Châteaudun-du-Rhummel (arrondissement de Constantine).
83. — 3 ans. — Bretonne, pie noir.	M. Lafforgue, précité.
84. — 3 ans. — Id.	Le même.
85. — 3 ans — Id.	Le même.
86. — 2 ans. — Milanaise, brune.	M. Niocel, précité.
87. — 2 ans. — Schwitz, grise.	Le même.

87 bis. — 2 ans. — Blanche, noire. M. Salques, Jean, à Sidi-Mabrouk.
88. — 3 ans. — Bretonne, pie noire. M. Samson, précité.
89. — 3 ans. — Ayr, serpentée. M. Antoine Seguin, précité.
90. — 2 ans. — Bretonne, noire. M. Truchet, précité.

2e Section. — *Vaches de plus de 3 ans, nées avant le 1er avril 1893, pleines ou à lait.*

(1er prix, **300** fr. ; 2e prix, **200** fr.)

91. — 10 ans. — Comtoise, froment pie. MM. Aboucaya, frères, précités.
92. — 4 ans. — Suisse, noire blanche M. Bure, précité.
93. — 8 ans. — Vache grise. M. Burgay, précité.
94. — 4 ans. — Croisée. M. Chioléro, Louis, à Constantine.
95. — 7 ans. — Salers, rouge foncé. M. Degoul, précité.
96. — 7 ans. — Id. Le même.
97. — 5 ans. — Bretonne, noire. M. Dumestre, Jean-Marie, à Constantine.
98. — 9 ans. — Suisse, noire. M. Entz, précité.
99. — 4 ans. — Bretonne, pie noire. M. Lafforgue, précité.
100. — 3 ans 1/2. — Id. Le même.
101. — 4 ans. — Femeline, rouge pie. M. Niocel, précité.
102. — 5 ans. — Schwitz, grise. Le même.
103. — 3 ans. — Charollaise, blanc rouge. M. Merle-des-Iles, à Oued-Athménia
104. — 4 ans. — Charollaise, blonde. M. Samson, précité.
105. — 9 ans. — Suisse, brune noire. M. Antoine Seguin, précité.
106. — 8 ans. — Bretonne, noire et blanche. M. Truchet, précité.
107. — 10 ans. — Bretonne, blanc rouanné. Le même.
108. — 11 ans. — Ayr, rouanné. Le même.

2e SOUS-CATÉGORIE. — RACES DE TRAVAIL

Mâles

Section unique. — *Animaux de 1 à 3 ans, nés depuis le 1er avril 1893 et avant le 1er avril 1895*

(1er prix, **300** fr. ; 2e prix, **200** fr.)

109. — 2 ans. — Charollais, gris. M. Azopardy (Pierre), à Constantine.
110. — 1 an. — Charollais, blanc. M. Bure, précité.
111. — 3 ans. — Moucheté. M. Burgay, précité.

112. — 3 ans. — Nivernais, Charollais, blanc.	M Corps (Louis), à La Meskiana, arrondissement de Constantine.
113. — 2 ans. — Breton, Suisse, blanc noir.	M. de Joussineaud, précité.
114. — 1 an. — Breton, pie rouge.	M. Lafforgue précité.
115. — 1 an. — Salers, rouge.	M. Luya (Joseph), à Guidjell, près Sétif.
116. — 14 m. — Croisé divers, rouge tigré.	M. Picot (Emile), à Aïn-Kerma, précité.
117. — 3 ans. — Croisé divers, rouge tigré.	M. Picot (Emile) à Aïn-Kerma précité.
118. — 18 m. — Charollais, blond.	M. Truchet, précité.

Femelles

1re Section. — *Génisses de 2 à 3 ans, nées depuis le 1er avril 1893 et avant le 1er avril 1894*

(1er prix, **250** fr. ; 2e prix, **150** fr. ; 3e prix, **100** fr.)

119. — 3 ans. — Charollaise, blanche.	M. Bure, précité.
120. — 2 ans. — Grise.	M. Burgay, précité.
121. — 3 ans. — Nivernaise, Charollaise blanche.	M. Corps (Louis), précité.
122. — 2 ans 1/2. — Breton, Durham noir.	M. Lafforgue, précité.
123. — 2 ans 1/2. — Breton. Durham pie.	Le même.
124. — 2 ans 1/2. — Breton, Durham, pie.	Le même.
125. — 2 ans. — Tarentaise, froment.	M. Niocel, précité.
126. — 3 ans. — Croisé divers, rousse.	M. Picot, précité.
127. — 2 ans. Charollaise, blonde, rouannée	M. Samson, précité.
128. — 2 ans. — Comtoise, rouge.	M. Truchet, précité.

2e Section. — *Vaches de plus de 3 ans, nées avant le 1er avril 1893 pleines ou suitées*

(1er prix, **300** fr. ; 2e prix, **200** fr. ; 3e prix, **150** fr.)

129. — 7 ans. — Salers, rouge.	M. Azopardy (Pierre), précité.
130. — 4 ans. — Charollaise, blanche.	M. Bure, précité.
131. — 8 ans. — Rouge.	M. Burgay, précité.
132. — 5 ans. — Nivernaise, Charollaise, blanche, avec son veau de 4 mois.	M. Corps (Louis), précité.

133. — 6 ans. — Breton, Durham, pie moucheté. — M. Lafforgue, précité
134. — 5 ans. — Breton, Durham, pie noir. — Le même.
135. — 5 ans. — Breton, Durham, noire. — Le même.
136. — 5 ans. — Salers, rouge. — M. Luya, précité.
137. — 8 ans. — Salers, rouge pie. — M. Niocel, précité.
138. — 7 ans. — Tarentaise, froment clair. — Le même.
139. — 10 ans. — Comtoise, rouge. — M. Truchet, précité.
139 *bis*. — 3 ans. — Bretonne. — M. Boulineau, Paul, à Bône.
140. — 3 ans. — Bretonne. — Le même.

4e CATÉGORIE

Croisements divers

Mâles

Section unique. — *Animaux de 1 à 3 ans, nés depuis le 1er avril 1893 et avant le 1er avril 1895*

(1er prix, **200** fr. ; 2e prix, **100** fr.)

141. — 3 ans. — Durham-Guelma, bringé et Fribourg-Guelma, noir. — M. Beaud, précité.
142. — 3 ans. — Arabe, Breton, pie alezan. — M. Bonjean (Barthélémy), au Kroubs, près Constantine.
143. — 2 ans. — Taureau noir. — M. Burgay, précité.
144. — 17 m. — Croisé divers, froment. — M. Corps (Louis), précité.
145. — 14 m. — Croisé divers froment pâle. — Le même.
146. — 20 m. — Croisé divers, froment. — Le même.
147. — 2 ans. — Salers-Guelma, rouge clair. — M. Degoul, précité.
148. — 2 ans. — Charollais, Nivernais, jaune. — M. Hérault, à El-Adjiba, près Beni-Mansour (Constantine).
149. — 2 ans — Charollais, Nivernais, blanche. — Le même.
150. — 1 an. — Suisse et Durham, blanc et jaune. — M. de Joussineaud, à Chateaudun du Rhumel, précité.
151. — 1 an. — Durham et Suisse, blanc et rouge. — Le même.

152. — 2 ans 1/2. — Breton, Ayr, pie rouge. — M. LAFFORGUE, précité.

153. — 3 ans. — Salers, Charollais, Cendré blanc — M. LARREY (Léon), à St-Donat.

154. — 15 mois. — Arabe, Breton, Alezan brûlé. — M. MEYONNAT (Etienne), à Constantine.

155. — 18 m. — Schwitz-Guelma, gris foncé. — M. NIOCEL, précité.

156. — 2 ans. — Croisé divers. — M. PÉLISSIER, à Constantine.

Femelles

1re SECTION. — *Génisses de 2 à 3 ans, nées depuis le 1er avril 1893 et avant le 1er avril 1894*

(1er prix, **150** fr. ; 2e prix, **125** fr. ; 3e prix, **100** fr.)

157. — 3 ans. — Suisse arabe, pie noir. — M. BONJEAN, au Kroubs, précité.

158. — 3 ans. — Suisse arabe, alezan brûlé. — Le même.

159. — 3 ans. — Suisse arabe, gris clair. — Le même.

160. — 2 ans. — Noire. — M. BURGAY, précité.

161. — 2 ans 1/2. — Salers-Guelma, rouge. — M. DEGOUL, précité.

162. — 2 ans. — Salers-Guelma, rouge gris. — Le même.

163. — 3 ans. — Française et arabe grise. — M. DUMESTRE, précité.

164. — 2 ans 1/2. — Bretonne Ayr, pie rouge. — M. LAFFORGUE, précité.

165. — 2 ans 1/2. — Bretonne Ayr, pie noir. — Le même.

166. — 2 ans 1/2. — Bretonne Ayr, pie noir. — Le même.

167. — 2 ans 1/2. — Bretonne Ayr, pie noir. — Le même.

168. — 2 ans 1/2. — Bretonne Ayr, pie noir. — Le même.

169. — 3 ans. — Salers-Charollaise, noire. — M. LARREY, précité.

170. — 3 ans. — Salers-Charollaise, rouge et blanche. — Le même.

171. — 2 ans. — Durham, Salers-Guelma. — M. LEYA, précité.

172. — 2 ans. — Durham, Salers-Guelma. — Le même.

173. — 2 ans. — Durham, Salers-Guelma. Le même.

174. — 3 ans. — Croisée, rouge cl. M. MERLE DES ILES, précité.

175. — 2 ans. — Croisée, rousse sans cornes. Le même.

176. — 3 ans. — Suisse arabe, gris clair. M. MEYONNAT, précité.

177. — 3 ans. — Bretonne arabe, pie noir. Le même.

178. — 3 ans. — Bretonne arabe, pie alezan. Le même.

179. — 3 ans. — Fribourg-Guelma, noire. M. ISAAC MOREL, à Bouïra, près Sétif.

180. — 3 ans. — Fribourg-Guelma, grise. Le même.

181. — 3 ans. — Fribourg-Guelma, grise. Le même.

182. — 2 ans. — Schwitz fémeline, grise. M. NIOCEL, précité.

183. — 2 ans. — Schwitz-Guelma, gris clair. Le même.

184. — 2 ans 1/2. — Croisée divers. M. PÉLISSIER, à Constantine.

185. — 2 ans. — Jersey-Ayr, rouge rouannée. M. SAMSON, précité.

186. — 2 ans. — Suisse-Guelma, blonde. M. SEGUIN (Antoine), précité.

187. — 2 ans. — Ayr-Bretonne, noire et blanche. M. TRUCHET, précité.

188. — 2 ans. — Ayr-Bretonne, marron et blanche. Le même.

2e SECTION. — *Vaches de plus de 3 ans, nées avant le 1er avril 1893*

(1er prix, **250** fr. ; 2e prix, **150** fr. ; 3e prix, **100** fr.)

189. — 4 ans. — Bretonne-Guelma, noire. MM. ABOUCAYA, frères, précités.

190. — 4 ans. — Fribourg-Guelma, noire. M. BEAUD, précité.

191. — 8 ans. — Durham-Guelma. M. BONNEFOY, précité.

192. — 4 ans. — Guelma-Charollaise, bringée. M. BOULINEAU, à Bône.

193. — 4 ans. — Guelma-Charollaise, grise. M. BURE, précité.

194. — 8 ans. — Noire. M. BURGAY, précité.

195. — 7 ans. — Charollaise arabe, froment. M. ENTZ, précité.

196. — 5 ans. — Charollaise-Nivernaise, jaune.	M. Hérault, à El-Adjiba, précité.
197. — 4 ans. — Charollaise-Nivernaise, blanche.	Le même.
198. — 3 ans. — 2 lots. — Durham-Suisse, blanche et jaune.	M. de Joussineaud, précité.
199. — 4 ans. — Durham-Suisse, zébrée.	Le même.
200. — 4 ans. — Durham-Suisse, blanche et rouge.	Le même.
201. — 6 ans. — Bretonne-Guelma, fauve.	M. Lafforgue, précité
202. — 7 ans. — Bretonne-Ayr, pie rouge.	Le même.
203. — 4 ans. — Bretonne-Ayr, bl.	Le même.
204. — 4 ans. — Bretonne-Ayr, pie rouge.	Le même.
205. — 6 ans. — Bretonne-Ayr, pie noire.	Le même.
206. — 5 ans. — Salers-Charollaise, noire, tâches blanches.	M. Larrey, précité.
207. — 5 ans. — Salers-Charollaise, noire.	Le même.
208. — 5 ans. — Salers-Charollaise, noire.	Le même.
209. — 7 ans. — Arabe et Durham.	M. Mohammed ben Saïb, précité.
210. — 3 ans. — Suisse-Charollaise, blanche et rouge.	M. Merle des Iles, à l'Oued-Athménia, précité.
211. — 7 ans. — Charollaise-Algérienne.	Le même.
212. — 8 ans. — Croisée divers, rouge tigrée.	M. « Nesnas » Ahmed ben Embarek, à Constantine, précité.
213. — 7 ans. — Fribourg-Guelma, noire.	M. Niocel, précité.
214. — 8 ans. — Tarentaise-Guelma, grise clair.	Le même.
215. — 4 ans. — Tarentaise femeline, froment clair.	Le même.
216. — 4 ans — Croisée divers.	M. Pélissier, à Constantine.
217. — 6 ans. — Guelma-Suisse, brune.	M. Seguin (Antoine), précité.
218. — 9 ans. — Ayr-Bordelaise, noire et blanche.	M. Truchet, précité.
219. — 11 ans. — Ayr-Durham, blanche rouannée.	Le même.

220. — 9 ans. — Ayr-Bordelaise, noire. Le même.

221. — 8 ans. — Ayr-Bordelaise, grise cendrée. Le même.

2e CLASSE

ESPÈCE OVINE

(Les béliers devront être nés avant le 1er avril 1895 et être âgés de 4 ans au plus. Les brebis devront être âgées de 3 ans au moins et suitées)

1re CATÉGORIE

Race de Chellala

Mâles

ANIMAUX POSSÉDÉS PAR DES EUROPÉENS :

(Prix unique, **150** fr.)

222. — Bélier Chellala. M. Bruat, André, à l'Oued-Seguin (Constantine).

223. — 2 ans. — Blanc. M. Burgay, précité.

ANIMAUX POSSÉDÉS PAR DES INDIGÈNES :

(1er prix, **100** fr. ; 2e prix, **50** fr.)

Néant

Femelles

(Lot de 3 brebis)

ANIMAUX POSSÉDÉS PAR DES EUROPÉENS :

224. — 1 lot. M. Bruat, précité.

225. — 3 ans. — (3) 1 lot. — Blanches. M. Burgay, précité.

ANIMAUX POSSÉDÉS PAR DES INDIGÈNES :

(1er prix, **50** fr. ; 2e prix, **40** fr.)

Néant

2e CATÉGORIE

Races algériennes et tunisiennes des hauts-plateaux du Sud

Mâles

ANIMAUX POSSÉDÉS PAR DES EUROPÉENS :

(1er prix, **125** fr.; 2e prix, **100** fr.; 3e prix, **75** fr.)

226. — 3 ans. — Algérien, blanc.	M. Beaud, précité.
226. — 3 ans. — Id.	Le même.
227. — 1 an. — Hauts-Plateaux de Sétif, blancs avec cornes.	M. Bonnefoy, Maurice, à Aïn-Smara (Constantine).
229. — 4 ans.— Hauts-Plateaux de Sétif, sans cornes.	Le même.
230. — 1 bélier. — Algérien.	M. Bruat, précité.
231. — 2 ans. — Algérien, blanc.	M. Burgay, précité.
232. — 4 ans. — Hauts-Plateaux, face blanche	M. Larrey, précité, à St-Donat.
233. — 2 ans. — Hauts-Plateaux.	M. Luya, des Eulmas, précité.
234. — 3 ans. — Algérien.	M. Pélissier, à Constantine.

ANIMAUX POSSÉDÉS PAR DES INDIGÈNES :

(1er prix, **60** fr.; 2e prix, **50** fr.; 3e prix, **40** fr.)

235. — 18 mois.— Algérien, blanc.	M. Mohamed ben Saïb, à Sidi-Mabrouk (Constantine).
236. — 1 bélier sans cornes.— Hauts-Plateaux.	M. Tahar ben Mohamed, à Temelouka près Sétif.

Femelles

(Lot de 3 brebis)

ANIMAUX POSSÉDÉS PAR DES EUROPÉENS :

(1er prix, **100** fr.; 2e prix, **80** fr.; 3e prix, **70** fr.)

237. — 3 ans.— 3 lots.— Algérienne	M. Beaud, précité.
238. — 3 ans.— 3 lots. — Hauts-Plateaux, blanche.	M. B[illegible], Pierre, à Constantine.
239. — 3 à 4 ans. — 6 lots. — Sétif, blanche.	M. Bonnefoy, précité.
240. — Algérienne.	M. Bruat, précité.
241. — 3 ans. — 1 lot.— Blanches.	M. Burgay, précité.

242. — 4 ans. — 1 lot. — Hauts-Plateaux.	MM. Edouard et Emile CHOLLET, à Aïn-Arnat, près Sétif.
243. — 4 ans. — 3 lots. — Hauts-Plateaux à face blanche.	M. LARREY, précité.
244. — 3 ans. — 3 lots. — Hauts-Plateaux.	M. LUYA, précité.
245. — 1 lot. — Algérienne.	M. NIOCEL, précité.
246. — 3 ans. — 3 lots. — Algérienne.	M. PELISSIER, à Constantine.

ANIMAUX POSSÉDÉS PAR DES INDIGÈNES :

(1er prix, **50** fr. ; 2e prix, **40** fr. ; 3e prix, **35** fr.)

247. — 18 mois. — 3 lots. — Algérienne, blanche.	M. MOHAMED BEN SAÏB, précité.

3e CATÉGORIE

Croisements entre race mérinos et races algériennes et tunisiennes

Mâles

(1er prix, **150** fr. ; 2e prix, **125** fr.)

248. — 1 bélier. — Mérinos et Hauts-Plateaux.	MM. ABOUCAYA frères, à Sétif.
249. — 3 ans. — Mérinos blanc.	M. BEAUD, précité.
250. — 2 ans. — id.	Le même.
251. — 1 an. — Sétif, Mérinos, blanc, sans cornes.	M. BONNEFOY, précité.
252. — 4 ans. — Sétif, Mérinos, blanc, sans cornes.	Le même.
253. — 3 ans. — Algérien, Mérinos blanc.	M. BURGAY, précité.
254. — 2 ans. — Algérien, Mérinos.	MM. Edouard et Emile CHOLLET, précités.
255. — 2 ans. — id.	MM. Edouard et Emile CHOLLET, précités.
256. — 4 ans. — id.	MM. Edouard et Emile CHOLLET, précités.
257. — Mérinos algérien.	M. BRUAT, précité.
258. — 2 ans. — Algérien, Mérinos noir.	M. BURE (Adrien), à Herbillon (Constantine).
259. — 2 ans. — Hauts-Plateaux, Mérinos.	M. DEVERDUN, à Aïn-Chouga, près Sétif.
260. — 3 ans. — Algérien, Mérinos à face blanche.	M. LARREY, précité.

261. — 1 bélier. — Hauts-Plateaux. — M. LUYA, précité.

262. — 18 m. — Algérien, Mérinos blanc. — M. MOHAMED BEN SAÏB, précité.

263. — 1 bélier. — Algérien, Mérinos. — M. NIOCEL, précité.

264. — 1 bélier. — id. — Le même.

265. — 33 m. — Mérinos et Hauts-Plateaux, sans cornes. — M. RODERICH, administrateur, commune mixte des Rhiras (Constantine).

266. — 34 m. — Mérinos et Hauts-Plateaux, sans cornes. — M. RODERICH, administrateur, commune mixte des Rhiras (Constantine).

267. — 30 m. — Sétif, Mérinos, robe unie. — M. SAMSON, précité.

Femelles

(Lots de 3 brebis)

(1er prix, **125** fr. ; 2e prix, **100** fr.)

268. — 1 lot. — Mérinos et Hauts-Plateaux. — MM. ABOUCAYA, précités.

269. — 2 ans. — 1 lot. — Croisées, Mérinos blanches. — M. BEAUD, précité.

270. — 3 à 5 ans. — 6 lots. — Sétif, Mérinos blanches, sans cornes. — M. BONNEFOY, précité.

271. — 1 lot. — Mérinos algériennes. — M. BRUAT, précité.

272. — 2 ans. — 3 lots. — Algériennes, Mérinos noires. — M. BURE (Adrien), précité.

273. — 3 ans. — 3 lots. — Mérinos algériennes. — M. BURGAY, précité.

274. — 18 m. — 3 lots. — Algériennes, Mérinos blanches. — M. MOHAMED BEN SAÏB, précité.

275. — 1 lot. — Mérinos algériennes. — M. NIOCEL, précité.

276. — 3 ans 1/2. — Mérinos et Hauts-Plateaux, sans cornes. — M. RODERICH, précité.

276 bis. — 3 ans. — Mérinos et Hauts-Plateaux, sans cornes. — Le même.

276 ter. — 2 ans 1/2. — Mérinos et Hauts-Plateaux, sans cornes. — Le même.

277. — 3 ans. — 1 lot. — Mérinos algériennes. — M. TRUELLE, à Tunis.

4e CATÉGORIE

Races mérinos d'Europe. (Animaux nés et élevés soit en France soit en Algérie, soit en Tunisie).

Mâles

(1er prix, **200** fr. : 2e prix, **150** fr.)

278. — 2 ans. — Mérinos. M. Bruat, précité.
279. — 2 ans. — Mérinos avec cornes M. Luya, précité.
280. — 2 ans. — Id. sans cornes. Le même.
281. — 1 ans 1/2. — Mérinos, blanc. Bergerie communale de la Soummam.
282. — 1 ans 1/2. — Id. La même.
283. — 15 mois. — Id. La même.
284. — 30 m. — Mérinos, robe unie. M. Samson, précité.
285. — 4 ans. — 1 Bélier. — Mérinos de la Crau. M. Truelle, précité.

Femelles

(Lots de 3 brebis)

(1er prix, **150** fr. : 2e prix, **125** fr.)

286. — 4 à 8 ans. — Mérinos Bourgogne blanc sans cornes. M. Bonnefoy, précité.
287. — 1 lot de 3 brebis. M. Bruat, précité.
288 — 1 lot de 3 brebis. — Mérinos M. Luya, précité.
289. — 1 Id. Le même.
290. — 36 mois. — Robe unie. M. Samson, précité.
291. — 4 et 5 ans. — 3 Brebis. — Crau. M. Truelle, précité.

5e CATÉGORIE

Races diverses non dénommées ci-dessus

Mâles

(1er prix, **125** fr. : 2e prix, **100** fr.)

292. — 3 ans. — 1 Bélier. M. Beaud, précité.
293. — 2 ans. — Id. Le même.
294. — 2 ans. — Maltaise, blanc sans cornes. M. Bélinguier Pierre à (Constantine).
295. — 15 mois. — Barbe maltais, blanc avec cornes. Le même.

296. — 2 ans. — Bélier.	M. Bruat, précité.
297. — 3 ans. — Bélier.	M. Burgay, précité.
298. — 4 ans. — Croisé divers, blanc sans cornes.	M. Merle-des-Iles, à l'Oued-Athménia (Constantine).
299. 4 ans. — Id.	Le même.
300. — 2 ans. — Touareg fauve.	M. Pujat Frédéric, Commandant supérieur du Cercle de Tougourt.
301. — 4 ans. — Texel blanc, sans cornes.	M. André Théry, précité.

Femelles

(Lots de 3 brebis)

(1er prix, **100** fr. ; 2e prix, **80** fr.)

302. — 1 lot. — 2 ans.	M. Beaud, précité.
303. — 1 lot. — 3 brebis.	M. Bruat, précité.
304. — 1 lot. — 3 brebis.	M. Burgay, précité.
305. — 2 et 3 ans. — Croisé divers, blanches.	M. Merle-des-Iles, précité.
306. — 2 ans. — Touareg noire sans cornes.	M. Pujat Frédéric, Commandant supérieur du Cercle de Tougourt.
307. — 2 ans. — Id. noire mal teint sans cornes, tache blanche sur la tête.	Le même.
308. — 1 lot. — 2 brebis et 1 petit. — Texel sans cornes blanc.	M. Théry André, précité.
309. — 1 lot. — Texel et Corse croisées.	Le même.

3e CLASSE

ESPÈCE PORCINE

(Les animaux exposés devront être nés avant le 1er novembre 1895)

1re CATÉGORIE

Races françaises pures ou croisées

Mâles

(1er prix **200** fr. ; 2e prix **150** fr. ; 3e prix **100** fr.)

310. — 1 an. — Français blanc.	M. Beaud, à Sétif, précité.
311. — 1 an. — Race française, bl.	M. Burgay, précité.

311 bis. — 1 an. — Verrat.	M. Caillat, à Boufarik
312. — 2 ans. — Craonnais.	M. Chioléro (Louis), à Constantine.
313. — 1 an. — Français blanc.	M. Herault, à El-Adjiba, commune de Beni-Mansour (Alger).
314. — 1 an. — Verrat race française.	M. Luya, précité.
315. — 1 an. — Française blanc.	Mme Soula, cantinière au 3me tirailleurs (Constantine).

Femelles

(1er prix **175** fr. ; 2e prix **150** fr. ; 3e prix **100** fr.)

316. — 3 ans. — Truie française.	M. Beaud, précité.
317. — 2 ans. — Race française bl.	M. Beaud, précité.
318. — 2 ans. — Croisée.	M. Chioléro, (Louis), à Constantine.
319. — 2 ans. — (?) Craonnaise.	Le même
320. — 2 ans. — Française blanche.	M. Hérault, précité.
321. — 2 ans. — Id. noire.	Le même.
322. — 1 Truie et dix petits.	M. Luya, précité.
323. — 2 ans. — Française blanche.	Mme Soula, précitée.

2e CATÉGORIE

Races étrangères pures ou croisées entre elles

Mâles

(1er prix, **200** fr. ; 2e prix, **150** fr. ; 3e prix, **100** fr.)

324. — 10 m. — Yorkshire et Bérikshire.	M. Gauthier (Charles), à Margueritte
325. — 1 m. — Verrat Yorkshire.	M. Morel (Isaac), à Bouïra, près Sétif.
326. — 32 m. — Yorkshire blanc.	M. Samson, précité.

Femelles

(1er prix, **175** fr. ; 2e prix, **150** fr. ; 3e prix, **100** fr.)

327. — 1 Truie, Yorkshire.	M. Morel (Isaac), à Bouïra, précité.
328. — 18 mois. — Yorkshire blanche.	M. Samson, précité.

4e CLASSE

ANIMAUX DE BASSE-COUR

329. — 1 lot. — Coq et poules, Langshan noir.	Mme Bure (Adrien), à Herbillon.
330. — Coq et poules, Houdan, noir et blanc.	Le même.
331. — 1 lot. — Coq et poules, Coucou, ombré gris.	Le même.
332. — 1 lot. — Coqs et poules, Padoue, jaune doré.	M. Labattut, à Sétif.
333. — 1 lot. — Coqs et poules, Padoue, jaune doré.	Le même.
334. — 1 Coq et 2 poules, cochinchinois-arabe.	M. Lafforgue, précité.
335. — 1 Coq et 2 poules cochinchinois, purs.	Le même.
336. — 1 Coq, cochinchinois, rouge.	M. Meyonnat, à Constantine.
337. — 2 Poules, cochinchinois-arabe, gris noir.	Le même.
338. — 1 lot. — Poules espagnoles, jaunes tigrées.	Mme Ve Ollagné, à Constantine.
339. — 1 lot. — Coq et poules, race algérienne.	M. Pélissier, à Constantine.
340. — 1 Coq et 2 poules, croisés Langshan, noir.	Mme Samson, à Sidi-Mabrouk.
341. — 1 Coq et 2 poules, Nouny, bassettes.	Le même.
342. — 1 Coq, croisé noir gris.	M. de Tourdonnet, précité.
343. — 4 poules, Mans, jaunes.	Le même.
344. — 1 lot et 8 petits.	M. Vidal, à Constantine.
345. — 1 lot. — Pigeons voyageurs.	M. Bourlier (Charles), fils, à la Réghaïa.
346. — 1 lot. — Pigeons de Kairouan.	Mme Samson, précitée.
347. — 1 lot. — Pigeons tunisiens.	M. Théry, précité.
348. — 1 lot. — Pigeons Boulant d'Allemagne.	Le même.
349. — 1 lot. — Pigeons frisés de Poméranie.	Le même.
350. — 1 lot. — 1 an. — Pintades grises.	M. Labattut, précité.

351. — 1 lot. — Pintades algériennes.	M. Pélissier, précité.
352. — Pintades, 1 coq et 3 poules, Mailletée.	Mme Samson, précitée.
353. — 1 lot. — Dindons blanc et noir.	M. Pélissier, précité.
354. — 1 canard vert, changeant.	M. Lafforgue, précité.
355. — 1 couple canards de Barbarie, noirs.	M. de Tourdonnet, précité.
356. — 1 canard et 2 cannes de Barbarie.	Mme Samson, précitée.
357. — Oies mâle et femelle, ordinaires.	La même.
358. — Oies, mâle et femelle, blanches et grises.	M. de Tourdonnet, précité.
359. — 1 couple lapins Angoras.	M. Labattut, à Sétif.

5e CLASSE

ESPÈCE CAMELINE

Chameaux, dromadaires, méharis et divers

Mâles

(Prix unique, **300** fr.)

360. — 1 Chameau de 8 ans. — Targui jaune.	M. Ammou Moussa ben Mohammed, caïd des Achèches, El-Oued.
361. — 1 Chameau de 8 ans. — Race du Sahara. — Rouge.	M. Si Mohammed el Hachemi ben Sidi Brahim, à El-Oued.
362. — 1 Chameau de 6 ans. — Arabe noir.	M. Si Mohamed bel Hadj ben Gana, caïd des Arab-Gheraba (Division de Constantine).
363. — 1 Chameau de 4 ans. — Arabe noir.	Le même.

Femelles

(1er prix, **200** fr.; 2e prix, **150** fr.)

364. — 6 ans. — Rouge.	M. Aissa ben Saïd, à Debabra, commune de Constantine.
365. — 5 ans. — Rouge.	Le même.
366. — 4 ans. — Grise.	Le même.
367. — 2 mois. — Chamelon blanc.	Le même.
368. — 50 jours. — id. blanc.	Le même.
369. — 2 mois. — id. gris.	Le même.
370. — 1 Chamelle 6 ans. — Arabe noire.	M. Si Mohamed bel Hadj ben Gana, précité.
371. — 1 id. 6 ans. — id. gris foncé.	Le même.

372. — 1 Chamelle 6 ans. — Arabe bai foncé. Le même.

373. — 1 id. 4 ans. — id. bai foncé. Le même.

374. — 1 id. 4 ans. — id. blanche. Le même.

375. — 1 id. 5 ans — id. gris de fer. Le même.

376. — 1 id. 4 ans. — id. grise. Le même.

377. — 1 id. 1 an. — id. rouan clair. Le même.

6e CLASSE

AUTRUCHES

(Prix unique, **300** fr.)

Néant

7e CLASSE

ANIMAUX DOMESTIQUES EXOTIQUES NON DÉNOMMÉS

(1er prix, **200** fr.; 2e prix, **100** fr.)

378. — 4 ans. — Chèvre de Touggourt, baie. M. Abderrahmane ben El Hadj Boubeker, à Touggourt.

379. — 4 ans. — Chèvre de Touggourt, baie. M. Brahim ben Fadel, à Touggourt.

380. — 4 ans. — Chèvre de Touggourt, baie. M. Si El Hadj Mohammed ben Ali, à Touggourt.

381. — 2 ans.— Bouc de Touggourt, pie. Le même.

382. — 4 ans. — Chèvre de Touggourt, jaune roux. M. Si El Hadj ben Seddik, à Touggourt.

383. — 4 ans. — Chèvre de Touggourt, bai foncé. M. El Haoussine ben Mohammed Snoussi, à Touggourt.

384. — 4 ans. — Chèvre de Touggourt, grise sans corne. M Khaled ben Lakdar, Touggourt.

385. — 2 ans. — Chèvre de Touggourt, jaune roux. M. Mohammed ben Abdallah, à Touggourt.

2e DIVISION

ANIMAUX GRAS

1re Section. — *Bœufs*

(1er prix, **300** fr. ; 2e prix, **200** fr.)

386. — 7 ans. — Guelma, gris clair. M. Bonnefoy (Maurice), précité.
387. — 4 ans. — Guelma-Charollais, froment. M. Boulineau, à Bône.
388. — 4 ans. — Guelma-Charollais, froment. Le même.
389. — 1 Bœuf. M. Brunat, précité.
390. — 6 ans. — Bœuf noir. M. Burgay, précité.
391. — 3 ans. — Ayr, roux. M. Picot, précité.
392. — Id. id. Le même.
393. — 6 ans. — Charollais, rouge. M. Tournier, au Col-des-Oliviers, précité.

2e Section. — *Vaches*

(1er prix, **200** fr. ; 2e prix, **150** fr.)

394. — 7 ans. — Guelma, grise très claire. M. Bonnefoy (Maurice), précité.
395. — 1 Vache. M. Brunat, précité.
396. — 1 Vache grise. — 5 ans. M. Burgay, précité.
397. — 1 Vache bretonne-ayr, pie noire. M. Lafforgue, précité.
398. — 1 Vache. — 7 ans. — Algérienne, noire. M. Mohamed ben Saïd, précité.
399. — 1 Vache. M. Niocel, précité.
400. — 1 Vache. — 10 ans. — Guelma grise. M. Truchet, précité.
401. — 1 Vache. — 9 ans. — Guelma, grise. Le même.

3e Section. — *Moutons*

(Lots de 5 têtes au moins)

(1er prix, **200** fr. ; 2e prix, **150** fr.)

402. — 1 lot. — 15 à 17 mois. — Sétif, mérinos. M. Bonnefoy, précité.

403. — 1 lot. M. Bruat, précité.

404. — 1 lot de 5 moutons. — 2 ans. M. Burgay, précité.

405. — 1 lot. — 4 ans. — Race des Hauts-Plateaux. M. Larrey, précité.

406. — 5 moutons. — Race de Sétif. M. Samson, précité.

4e Section. — *Porcs*

(1er prix, **100** fr. ; 2e prix, **80** fr.)

407. — 1 Porc. M. Beaud (Jules), à Sétif.

408. — 1 Porc. — 3 ans. — Blanc. M. Burgay, précité.

409. — 2 Porcs. — 14 mois. — Race française, blanc. M. Vella (Charles), charcutier, à Constantine.

5e Section. — *Bandes de bœufs*

Chaque bande sera composée de 4 animaux au moins de même provenance et de même race, appartenant au même exposant et n'ayant pas été présentés dans d'autres sections.

(1er prix, **500** fr. ; 2e prix, **300** fr.)

410. — 1 lot. M. Bruat, précité.

411. — 1 lot. — 4 bœufs noirs. — 5 ans. M. Burgay, précité.

412. — 1 lot. — 4 ans. — Arabe breton. M. Mohamed ben Saïb, précité.

6e Section. — *Bandes de moutons*

Chaque bande sera composée de 15 animaux au moins de même provenance, de même race et de même âge, appartenant au même exposant et n'ayant pas été présentés dans d'autres sections.

(1er prix, **300** fr. ; 2e prix, **250** fr.)

413. — 1 lot. — 18 m. à 3 ans. — Hauts-Plateaux, queue fine. M. Bonnefoy, précité.

414. — 1 lot. — 15 moutons — 3 ans. — Race saharienne. M. Si Hadj Ahmed ben Bachtarzi, à Constantine.

415. — 1 lot. — 4 ans. — Hauts-Plateaux. M. Bruat, précité.

416. — 1 lot. Le même.

417. — 1 lot. — 15 moutons. — 3 ans. M. Burgay, précité.

3e DIVISION

MACHINES ET INSTRUMENTS AGRICOLES

M. ALBRAND, à Marseille.

1. Pulvérisateur à dos de mulet « Phénix »...................... 350 »
1. Pulvérisateur à dos de mulet « Idéal »........................ 200 »
3. Pulvérisateur à dos d'homme « Focéen » .... 35 »

M. AMIOT et BARRIOT, à Bresles.

4. Un lot de charrues brabant simples et doubles.
5. Divers articles aratoires.

M. AUBERT. Alexandre, rue Claude-Villefaux, 4 et 6, à Paris.

6. Machine à vapeur demi-fixe de 15 chevaux, à détente variable au régulateur du type Rèdes. .... 8.700 »

M. BAGNÈRES, Gabriel, à Sétif.

7. Charrue défonceuse brabant double .... 600 »
8. Coussinet .... 40 »

M. BATTARD, Nicolas, rue Damrémont, à Constantine.

9. 1 Chasse-neige.

M. C. BURGART, à Alger.

10. Presses à huile montées sur colonnes, C. Burgart. .... 1.200 »
11. 3 Corps de pompe montés sur un réservoir d'aspiration, C. Burgart
12. Pompe à vin montée sur brouette, Valleton
13. Moissonneuse-lieuse, Mac Cornik, élévateurs fermés......... 1.400 »
14. Id. élévateurs ouverts........ 1 400 »
15. Moissonneuse-lieuse Adriance, sans élévateur, liant sur la plate-forme.. 1.400 »
16. Moissonneuse-lieuse Massey Harris, à élévateur bas. ...... 1 400 »
17. Matériel de battage de Ruston Proctor et Cie.............. 15.600 »
18. Locomobile à pétrole de 10 chevaux 1/2, sur 4 roues, Campbell...... .... 9.200 »

19. Moulin Bajac à meules métalliques, muni d'une bluterie.
20 Charrue brabant double, en acier, pour labours profonds.
21. Charrue vigneronne, fer et acier, labours de vignes.
22. Houe « Ajax », pour culture de la vigne.
23. Cultivateur « Canadien », fer et fonte, culture des céréales.
24. Moulin à meules métalliques verticales, pesant 625 kilos, « Rapide n° 6 ».. 1.040 »
25. Moulin à meules métalliques verticales, pesant 150 kilos, « Rapide n° 1 ».. 292 50
26. Presse à huile et pompe hydraulique.
27. Pulvérisateur à dos de mulet « le Phénix »..................... 400 »
28. Id. « l'Idéal »..................... 250 »
29. Pulvérisateur à dos d'homme « le Phocéen ».
30. Appareil à répandre les poudres anticryptogamiques.

M. CAMILLIÉRI, François et Ch. GADAN, à Bône.

31. Bonde automatique à soupape, pour le transport des liquides en fermentation, le mille.. 200 »

M. BESNARD, père, fils et gendre, rue Geoffroy-Lasnier, à Paris.

32. Pulvérisateur « Besnard » à dos d'homme, contenance 15 litres.. 40 »
33. Pulvérisateur « Besnard » à dos d'homme, contenance 20 litres.. 45 »
34. Pulvérisateur « Plombé » à dos d'homme, contenance 15 litres.. 45 »
35. Pulvérisateur le « Carbonique », à pression indépendante du porteur, par la détente de l'acide carbonique liquide (traitement de l'anthracnose).. 35 »
36. Pulvérisateur le « Carbonique plombé », à pression indépendante du porteur, par la détente de l'acide carbonique liquide (traitement de l'enthracnose).. 40 »
37. Pulvérisateur le « Carbonique à bât »..................... 400 »
38. Id. « Carbonique sur roues », à grand travail.. 800 »
39. Alambic à distillation continue (Estève), type A, 90 litres en 24 heures.. 65 »
40. Alambic à distillation continue, type B, 180 litres en 24 heures. 130 »
41. Id. type C, 270 litres en 24 heures. 185 »
42. Id. type D, 600 litres en 24 heures. 340 »
43. Id. type E, 1.500 litres en 24 heures. 650 »

M. BERNUS, Jean, rue Penthièvre, 4, à Lyon.

44. Pulvérisateur à dos d'homme, en cuivre, nouveau modèle

brevelé S. G. D. G., le « Parfait » avec robinetterie, cuivre fondu.. 25 »

45. Pal injecteur, cuivre et acier fondu, modèle perfectionné de 1896 26 »

46 Soufreuse « La Rapide », en tôle d'acier renforcé avec nouveau système de ventilation et ferrure très simple.......... 12 »

47. Soufflets de divers modèles, pour soufrage, depuis 1 fr. 25 à 2 50

48. Pompes et Seringues en cuivre, zinc et tôle galvanisée, nouveau modèle.

49. Pompes hydronettes et à étrier, divers modèles très pratiques.

50. Pompes de vidange, montées sur chariots en fer avec tonneau en tôle.

51. Fouets à coller ou égalisateurs pour le collage et le mélange des liquides.

52. Divers ustensiles de cave.

53. Baratte métallique universelle munie de réchauffeur et de refroidisseur et d'un thermomètre centigrade régulateur.

M. L. BILLIARD et CUZIN, à Mustapha.

56. Moteur à pétrole Meslin, locomobile à 5 chevaux.

57. Réfrigérant Billiard et Cuzin, tubes en cuivre démontables.

58. Pompes à vin à moteur Noël, n°s 24 et 25.

59. Pompes à vin à bras Noël, n°s 31, 33, 34 et 35.

60. Cultivateur « Géant » déchaumeur et semeur.

61. Charrue à 3 socs L. M.

62-63. 2 Houes « Ajax » cultivateur-extirpateur.

64-65. Charrues « Oliver » à avant-train, n°s 60 et 40.

66-67. 2 Charrues « Fondeur » brabant double et simple.

68. Charrue « Oliver » âge en bois, pour labour léger.

69. Charrue « Dombasle » pour labour léger.

70. Charrue « V. A. » âge en bois, pour labour léger.

71. Pulvérisateurs à bât « Passe-Partout », Cazaubon.

72. Id. « Automatic » à dos d'homme sans pompe, Lasmolles.

73. Id. « l'Eclair » à dos d'homme à pompe, Vermorel.

74. Id. en verre, à dos d'homme, à pompe, Lasmolles.

75. Appareil à sécher les fruits, Tritschler.

76. Collection de faucheuses, engrenages sur les roues, Wood.

77. Id. de rateaux à cheval automatiques, Howard

78. Id. id. Wood.

79. Id. de moisonneuses-lieuses à râteaux, Wood.

80. Id. id. à toiles, Wood.

81. Id. de meules à aiguiser les outils à manivelle, Wood.

82. Id. de hache-paille à manivelle.

83. Collection de concasseurs à manivelle.

84. Moulins à bras à meules fonte.

85. Collection de batteuses à manège, à pointes et à bottes pour dépiquer les céréales.

86. Collection de batteuses à vapeur, système anglais, pour dépiquer les céréales.

85. Collection de machines à vapeur, locomobiles usages multiples.

88. Id. de tarares à bras.

89. Id. de trieurs à bras, Clert.

90. Id. de bascules à fléaux, Trayvou.

91. Id. de pompes à chapelet à bras pour l'eau, Sauzay.

92. Id. de presses à fourrage, à bras et à la vapeur.

93. Lot de matériel Decauville, voie et wagons pour terrassements.

94. Collection de pressoirs à bras et à vapeur pour la vendange, Mabille.

95. Id. de fouloirs à bras pour la vendange, Mabille.

96. Id. de fouloirs-égrappoirs à bras et à vapeur pour la vendange, Mabille.

97. Collection de filtres à manches pour le vin, Rouhette.

98. Id. de chaudières à étuves sur pieds et sur roues.

99. Id. de charrues diverses, charrues araires.

100. Id. de charrues tourne-oreille à âge en bois.

101. Soufreuses à dos d'homme et à traction pour la vigne, Vermorel.

102. Treuil avec charrue à tambour variable pour défoncements, Vernette.

103. Semoir à la volée, Garette.

104. Collection de herses à dents indépendantes, Howard.

105. Pulvérisateur à traction pour la vigne, Vermorel.

M. CARRIER, Joseph, à Mustapha, rue Sadi-Carnot, 36.

106. Moteur à pétrole « Sécurité » force de 3 chevaux......... 3.450 «

107. Locomobile à pétrole « Sécurité » force de 4 chevaux...... 5.200 »

108. Pompe à grande pression à moteur mécanique, 2 pistons, pour élever l'eau.. 360 »

M. CRÉTÉ, à Crétéville.

109. Réfrigérant inventé par MM. Baldouff et Crété, prix....... 400 »

M. CHERTIER ASSELIN, à Orléans.

110. Pièges à taupes.

111. Soufflets pulvérisateurs pour vigne et arbres fruitiers.

112. Produits insecticides.

113. Appareils pour la destruction des animaux nuisibles à l'agriculture.

M. DANIEL, Louis, à Constantine.

114. Deux araires pour la culture du sorgho (Juillet, constructeur à Connaud (Gard).

SOCIÉTÉ NOUVELLE DES ÉTABLISSEMENTS DECAUVILLE, Aîné, à Petit-Bourg (Seine-et-Oise).

Chemins de fer portatifs Decauville, Rails.

Voie de 0m 40 en rails de 4 kilos 500

115. Bouts de 5 mètres, le mètre 3 45
116. Courbes de 2m 50, le mètre 3 90
117. Courbes de 1m 25, le mètre 4 30
118. Croisements Ron 4, 6 ou 8 mètres avec aiguille rabotée, la pièce. 40 15
119. Plaque tournante portative à plateau à ornières, diamètre 1m, la pièce 43 70

Voie de 0m 50 en rails de 7 kilos

120. Bouts de 5 mètres, le mètre 4 75
121. Courbes de 2m 50, le mètre 5 65
122. Courbes de 1m 25, le mètre 6 20
123. Coisements Ron 4, 6, 8 ou 10 mètres avec aiguille rabotée, la pièce 65 30
124. Plaque tournante portative à plateau à ornières, diam. 0m 90, la pièce 57 40

Voie de 0m 60 en rails de 7 kilos

125. Bouts de 5 mètres, le mètre 4 85
126. Courbes de 2m 50, le mètre 5 75
127. Courbes de 1m 25, le mètre 6 35
128. Croisements Ron 4, 6, 8 ou 10 mètres avec aiguille intérieure rabotée, la pièce 68 90
129. Plaque tournante portative à plateau à ornières, diamètre 1m, la pièce 69 60

Wagons : Voie de 0m 40

130. Wagon type n° 22 C 100 50
131. Id. n° 22 C pivotant .... 146 »
132. Voie de 0m 50.
133. Wagon type n° 25 F 154 50
134. Voie de 0m 60.
135. Wagon type n° 26 B 169 20
136. Wagon type n° 26 D, avec frein 211 20
137. Wagon genre type n° 25 O, caisse cubant 600 litres 222 25
138. Id. n° 25 O, caisse cubant 600 lit. avec frein.. 264 25

M. FAUL, Charles, à Paris, 13, rue Pierre-Levée.

140. Faucheuse « Idéal », 2 chevaux.......... ... Deering, prix. 425 »
141. Id. avec appareil à moissonner à bras... ...., Deering, prix. 525 »
142. Moissonneuse-lieuse « Pony »................ Deering, prix. 1.200 »
143. Rateau à cheval automatique................ Deering, prix. 200 »
144. Cultivateur américain........ .. .. Champion, prix. 375 »
145. Semoir au rayon à 15 rayons..... .... R Sack, prix. 730 »

M. FONDEUR POL, à Viry-Moureuil.

146-156. 11 Charrues à socs alternatifs de France dite « Universelle Fondeur » n° 38, série F, acier et fer fin, régulateur horizontal, versoirs demi pointus en acier à épaisseur inégale, socs triangulaires en acier corroyé, force 2 chevaux, pour labours de 22 centimètres de profondeur.

157-166. 10 Charrues à socs alternatifs de France dite « Universelle Fondeur » n° 40, série F, acier et fer fin, régulateur horizontal, versoirs demi pointus en acier à épaisseur inégale, socs triangulaires en acier corroyé, force 3 chevaux, pour labours de 25 centimètres de profondeur.

167-176. 10 Charrues à socs alternatifs de France dite « Universelle Fondeur » n° 42, série F, etc., force de 4 chevaux, pour labours de 30 centimètres de profondeur.

177-188. 2 Charrues à socs alternatifs de France dite « Universelle Fondeur » n° 44, série P F, force 5 à 6 chevaux, pour labours de 30 centimètres de profondeur

189. 1 Charrue à socs alternatifs de France dite « Universelle Fondeur » n° 47, série P F, force 8 chevaux ou bœufs, pour labours de 40 centimètres de profondeur.

190-199. 10 Charrues à socs alternatifs de France, dite « Universelle Fondeur » n° 38, série mixte, modèle construit spécialement pour l'Algérie et la Tunisie, acier et fer fin, régulateur horizontal, versoirs et socs en acier, équerre renforçant l'épée, force 2 chevaux pour labours de 22 centimères de profondeur.

200-209. 10 Charrues à socs alternatifs de France dite « Universelle Fondeur » n° 40, série mixte, force 3 chevaux, pour labours de 25 centimères de profondeur.

210-218. 9 Charrues à socs alternatifs de France dite « Universelle Fondeur » n° 42, série mixte, etc., force 4 chevaux, pour labours de 30 centimètres.

219. 1 Charrue double spécialement construite pour les besoins agricoles de la province de Constantine, force 4 chevaux, pour labours de 30 centimètres de profondeur.

220-221. 2 Charrues doubles, n° 36, série S, en acier et fer fin, modèle simplifié et économique avec socs et versoirs en acier, force 1 cheval ou 2 petits chevaux, pour labours de 18 centimètres de profondeur.

222-223. 2 Charrues doubles, n° 38, série S, etc., force 2 chevaux, pour labours de 22 centimètres de profondeur.

224-225 2 Charrues doubles, n° 40, série S, en acier et fer fin, modèle simplifié et économique avec socs et versoirs en acier, force 3 chevaux pour labours de 22 centimètres de profondeur.

226. Charrue simple avec avant-train de charrue double, n° 36, série F « Universelle-Fondeur », mancherons en fer, soc et versoir en acier, force 1 cheval ou 2 petits chevaux, pour labours de 18 centimètres de profondeur.

227. Charrue simple avec avant-train de charrue double, n° 38, série F « Universelle Fondeur » mancherons en fer, soc et versoir en acier, force 2 chevaux, pour labours de 22 centimètres.

228-229. 2 Charrues doubles avec avant-train de charrue double, modèle économique, n° 40, série S, mancherons en fer, soc rectangulaire, acier corroyé, versoir en acier, force 8 chevaux pour labours de 25 centimètres.

230-232. 3 Nouveaux araires « Le Colon » avec âge en bois bâti en fer, versoir en acier, système Fondeur, nouveau régulateur simple et solide, force 1 mulet.

233-235. 3 Nouveaux araires « Le Colon », etc., force 2 mulets.

536. Charrue double déchausseuse, n° 38, faisant 3 raies à la fois, construite en acier et fer fin, avec versoirs hélicoïdaux, force 2 à 3 chevaux, pour déchausser et couvrir les semences, largeur 0.60.

237. Fouilleur petit modèle ordinaire, à corps droit, avec 3 griffes en acier, force 1 à 2 chevaux, pour fouilles de 20 à 25 centimètres de profondeur.

238. Extirpateur à 5 lames, à doubles pointes en acier, dents et talons encastrés, terrage et déterrage instantanés au moyen de levier, sert à ameublir les labours, à déchausser et couvrir les semences.

339. Extirpateur à 7 lames, à doubles pointes en acier, dents à talons encastrés, terrage et déterrage par gradins, châssis en bois, force 3 chevaux, pour déchausser, ameubler les labours et couvrir les semences.

240. Extirpateur à 5 lames en acier approprié au déchaussage, tige en fer de première qualité, châssis en bois, terrage et déterrage par gradins, force 2 à 3 chevaux.

241. Modèle réduit de charrue double, à soc alternatif de France, dite « Universelle Fondeur. »

M. GARBE, Désiré, exploitation de la Cie Algérienne, à Aïn-Regada.

242. Tombereau et brouettes en bois d'eucalyptus.

M. GODARD, Félix, directeur du Domaine de l'Habra et de la Macta, à Perrégaux.

243. Réfrigérateur à triple effet de l'Habra .... 1.800 »

M. GUILLEBAUD, Théodore, à Angoulême.

244. Pompes à double effet à piston et à volant pour transvaser et mélanger les vins et spiritueux, entièrement en cuivre et en bronze, n'altérant pas les liquides comme les pompes en fonte.

M. A. KRETTLY, rue Caraman, 7, à Constantine.

245. Pompes d'arrosages pour jardins, serres, avec apppareils pulvérisants.

246. Articles culinaires.

247. Nouveau découpoir à betteraves.

M. A. LACOMBE, à Mustapha.

248. 1 foudre rond de 60 hectolitres........................ 720 »

M. LAUZURE, Paul et Cie, à Bône.

249. Filtre à vin.

250. Moulin à farine, à bras et à vapeur.

251. Concasseur à bras et à vapeur.

252. Gazéificateur, appareil brûlant les huiles lourdes, grande puissance luminaire.

253. Semoir à la volée.

254. Semoir à la volée avec disques faisant fonctions de herse.

255. Hache-paille à bras et à vapeur.

256. Egrenoir à maïs à bras.

257. Aspirateur d'acide carbonique pour faciliter la fermentation des vins et faciliter l'accès des cuves et foudres sans crainte d'asphyxie.

258. Un lot de charrues et objets divers.

M. LANUSSE, Pierre, à Constantine.

259. Enclume à battre les faulx.

260. Sécateur.

261. Hâche forestière.

262. Pioche de jardinier.

263. Charrue fixe n° 1.

264. Id. fixe n° 4.

265. Id. vigneronne n° 3.

266. Id. chausseuse et défonceuse.

267. Battoir n° 1, pour vigne.

268. Houe sarcleuse.

269. Herse-houe.

M. LEROUX, Sébastien, rue Michelet, Mustapha.

270. 1 Réfrigérant étamé. – Vauché.
271. Porte de cuve. — Leroux.
272. 1 Grille pour éviter l'engorgement des boîtes et clapets.
273. 1 Pèse moût système Leroux.
274. Plusieurs modèles d'appareils pour prendre et détruire les altises.
275. Elévateur d'eau « Ribot ». — Leroux.................. prix. 300 »

M. MARGOT, Charles Louis, à Sétif.

276-278. 3 Charrues alternatives pour labours, jusqu'à 0m 20.
279-280. 2 Charrues alternatives vigneronnes.......... prix. 55 et 60 »
281-284. 4 Charrues pour labours de 10 à 22 centimètres de profondeur.
285. 1 Charrue nouvelle alternative, montée en charrue fixe, force : 3 à 6 chevaux, laboure jusqu'à 0m 25.

M. J. MÉLION, Rue du Parc, 1, Mustapha.

286-287. 2 Locomobiles, foyer amovible, retour de flammes. — Gautreau.
288-290. 3 Moteurs à pétrole fonctionnant avec le pétrole le plus ordinaire.
291. 1 Ventillateur de cave.
292-293. 2 Pompes pour le vin et l'eau. — Mélion.
294. Pompe hydraulique Worthington.
295. Pompe pour puits profond.
296. Chaines à rincer les tonneaux.
297. 1 Diable agricole pour tous les usages des fermes. — Gautreau.

M. MERLIN et Cie, à Vierzon (Cher).

298. 1 Moteur locomobile à pétrole, force de 5 chevaux, pour tous usages agricoles et industriels. — Merlin et Cie.

M. NOEL, Nicolas, constructeur aux Usines de la Flie, à Liverdun (Meurthe-et-Moselle).

299. 1 Pompe n° 2 bis complète, arrosage et purin.
300. 1 Pompe n° 0 complète, arrosage et purin.
301. 1 Pompe n° 2 complète, arrosage et purin.
302. 1 Pompe n° 30 complète, arrosage, purin et vidange.
303. 1 Tonneau de 100 litres avec pompe complète, arrosage et purin.
304. 1 Pompe à chaine n° 2, pour être montée sur margelle.
305. 1 Pompe à chaine n° 2, pour être montée sur le sol.
306. 1 Pompe à moteur n° 31, nouveau modèle.
307. 1 Pompe à moteur n° 35, nouveau modèle.
308. 1 Pompe à puits, aspirante n° 2 à balancier, montée sur planche

309. 1 Pompe à puits, aspirante et foulante n° 2 à balancier, montée sur planche.

310. 1 Pompe à puits, aspirante n° 2 à volant, montée sur socle.

311. 1 Pompe à puits, aspirante n° 3 à volant, montée sur socle.

312. 1 Pompe à puits, aspirante et foulante n° 2 à volant, montée sur planche.

313. 1 Pompe à puits et à moteur n° 23, nouveau modèle.

314. 1 Pompe à moteur n° 25, nouveau modèle.

315. 1 Pompe n° 36, sur planche avec coude et robinet.

316. 1 Hotte nouveau modèle, complète, appareil pour sulfatage des vignes.

317. 1 Pompe à moteur n° 34, nouveau modèle.

318. 1 Pompe n° 40, montée sur planche avec coude et robinet.

319. 1 Pompe n° 35 sur brouette, transvasement des vins et alcools.

320. 1 Pompe n° 34 complète.

321. 1 Pompe n° 33 en bronze.

M. PARIOT, Albert, représentant à Alger, rue Bugeaud.

322-327. 6 Appareils à filtrer les vins, lies, huiles, eaux-de-vie et vinaigres.

328. 1 Soufflet bordelais pour soutirer les liquides.

329. Articles divers de chais et caves, outillage de caviste.

330. Filtre à huile « Delas », caisse étamée avec poches en toile et robinets déverseurs.

331. Pulvérisateurs « Besnard ».

M. A. PITOLET, à Mustapha.

332. Evaporateur pour réfrigération. — Toiles suspendues sur bâti en fer, nécessite des quantités d'eau très minimes, prix .... 1.400 »

333. Réfrigérant sur chariot. — Tubulures en cuivre. — Réservoir à écoulements latéraux, recouvert de toiles métalliques, prix .... 850 »

M. PORTIER, à Jemmapes.

334. Pelle double et simple à altise, pour captage des altises de la vigne.

335. Aérateur instantané, ventilateur à hélice pour chasser l'acide carbonique des foudres.

336. Sulfureuse pour blanchir le vin blanc, récipient fermé à calotte de cuivre où passe un courant sulfureux.

337. Désulfureuse.— Récipient à calottes en cuivre multiple pour enlever l'acide sulfureux des vins blancs.

338. Extirpateur chiendent, additionné d'un rouleau et d'un rateau.

339. Joints instantanés, tuyautage de caves supprimant le caoutchouc.

340. Ignifère incombustible, éclairage rustique pour travaux de nuit.

M. PRESSON, Edmond, mécanicien à Bourges (Cher).

341. Trieur n° 1 *bis*.. 220 »
342. Trieur n° 3 *bis*.. 300 »
343. Tarare-ventilateur cribleur n° 1.. 70 »
344. Tarare-ventil ateur,cribleur etdiviseur n° 3.. 100 »

M. ROMAT, Baptiste, à Redjas, Commune mixte de Zeraïa.

345. Charrue « Idéale » tournante fixe et mobile à deux versoirs prix.. 240 »

M. THE JOHNSTON HARVESTER COMPANY, Batavia, par M. LAUZUR, Paul, à Bône.

346. Nouvelle moissonneuse coupe épis, cet instrument coupe sur une largeur de 3^{m} 80.. 1.900 »
347. Nouvelle moissonneuse-lieuse « La Bonnie » 5 hectares par jour.. 1.300 »
348. Nouvelle faucheuse et moissonneuse combinée, n° 3.
349. Nouvelle faucheuse « Globe » à pédale.
350. Nouvelle moissonneuse-lieuse.. 2.400 »
351. Faucheuse Johnston « Globe n° 8 ».. 425 »
352. Moissonneuse-lieuse Johnston « Bonnie ».. 1.100 »
353. Monssoinneuse-lieuse Johnston, « Coupe épis ».. 1.500 »
354. Id. « Géant ».. 1.600 »

M. Rémi VESSIÈRE, à Alger, route Malakoff, 8.

355. Machine au sable perfore, grave et gradue les verres et métaux.
356. Produits exécutés par la machide au sable « Tilghmann ».

M. SCHLATTER, Albert, à Bône.

357. Moteur à pétrole « Hornsby Akrogd », 2 chevaux 1/2.. 2.800 »

M. TOURNIER, Joseph, au Col-des-Oliviers.

358. Joug spécial pour un bœuf de trait pouvant labourer seul la la vigne.

4me DIVISION

Produits agricoles, horticoles et matières utiles à l'agriculture

CONCOURS SPÉCIAUX

I

Vins d'Algérie (Récolte 1895)

M. AMILHAC, Louis, à Douéra (Alger).

1. Vin rouge, l'hectolitre... 20 » | 2. Vin blanc, l'hectolitre... 27 »

M. A. AUDRICOURT et GONNARD, à Rivoli (Oran).

3. Vin rouge de coteau, récolte 1895, l'hectolitre................. 25 »
4. Vin rosé de coteau, carignan, grenache, récolte 1895, l'hectolitre. 30 »
5. Vin rouge, grenache, doux, récolte 1895, l'hectolitre........... 60 »
6. Vin blanc de coteau, morastel, récolte 1895, l'hectolitre........ 30 »
7. Vin rouge de plaine, morastel, carignan, récolte 1895, l'hectolitre. 25 »

M. BARILLER, Jules. à Bou-Sfer (Oran).

8. Vin rouge, récolte 1895, la pièce de 220 litres, logée et rendue en gare destinataire.. 100 »

M. BARROT Raymond, Valée, Philippeville.

9. Vin rouge de table, coteau, récolte 1895, l'hectolitre........... 22 »
10. Vin rouge de table, plaine, récolte 1895, l'hectolitre........... 18 »
11. Vin blanc de table, id. .... 28 »

M. BEL, Auguste, à Robertville.

12. Vin rouge, récolte 1895, l'hectolitre.............................. 16 »
13. Vin blanc, récolte 1895, l'hectolitre.............................. 25 »

M. BELEBACH, à Douéra (Alger).

14. Vin rouge, l'hecto....... 20 fr. | 15. Vin blanc, l'hecto....... 27 fr.

M. BICHONT, Edouart, rue des Jardins à Oran.

16. Vin rouge, récolte 1895, l'hecto................................ 30 fr.

M. Alphonse BLÉTRY, Domaine du Fendek, Jemmapes (Constantine).

17. Vins blancs secs.

M. BOISSON, Henri-Fernand, à Constantine.

18. Vins rouges, 1895, l'hecto.................................... 18 à 22 fr.
19. Vins blancs, 1895, l'hecto..................................... 25 à 30 fr.

M. BONNEFOY, Maurice, à Aïn-Smara (Constantine).

20. Vin rouge, 1895, l'hecto. 25 »
21. Vin rosé, 1895, l'hecto... 45 »
22. Vin blanc sec, 1895, l'hect. 50 »

M. BONTIÉ, Jean-Joseph, à Aïn-Tédélès (Oran).

23. Vin rouge de plaine de 1895, l'hecto.......................... 25 »

M. Henri BORIES, Domaine St-Marguerit, Rivoli (Oran).

24. Vin rouge, récolte 1895, l'hecto.............................. 20 »

M. BRUAT, André, à Oued-Seguin (Constantine).

25. Vin rouge de plaine, l'hecto.................................. 30 »
26. Vin blanc de plaine, l'hecto.................................. 60 »

M. BRUNET, Charles-Césaire, Constantine.

27. Vin blanc sec, 1895.

M. BURE, Adrien, à Herbillon (Constantine).

28. Vin blanc, l'hecto....... 25 » | 29. Vin rouge, l'hecto....... 20 »

M. CABANIS, Emile, à Douéra (Alger).

30. Vin rouge, l'hecto...... 20 » | 31. Vin blanc, l'hecto....... 27 »

M. CABANIS, Junior, à Douéra (Alger).

32. Vin rouge, l'hecto... 20 »

M. CAYLUS SIFFROI, à Mekla (Alger).

33. Vin blanc de raisins de treilles Kabyles.

M. CHANHOU KHANGUET, Hadjaz (Tunisie).

34. Vin rouge, 1895, l'hecto .... 25 »

M. CHOCON, Aimé, à Douéra.

35. Vin rouge, l'hecto .... 20 »

MM. CHOLLER, Edouard et Emile, à Aïn-Amar (Bouïra).

36. Vin rouge de coteau, récolte 1895, l'hecto.................... 25 »

M. COMBE, Guillaume, à Souk-Ahras.

37. Vin rouge, récolte 1895. | 38. Vin blanc sec, récolte 1895.

MM. COMBIER, Adolphe et Ferdinand, à Bertville.

39. Vin rouge, récolte 1895. | 40. Vin blanc sec, récolte 1895
41. Vin blanc doux, récolte 1895. |

M. COURT, Paul, à Staïa (Constantine).

42. Vin rouge, récolte 1895, l'hecto. .... 25 »
43 Vin de liqueur, récolte 1895, le litre........................ 1 »

M. de COURTOIS, à Blad-Jaffar (Constantine).

44. Vin blanc, récolte 1895. | 45. Vin rosé, récolte 1895.

M. DEGOUL, Jean, à Oued-Cham, commune de la Sélia (Constantine).

46. Vin rouge, l'hecto...... 25 » | 47. Vin blanc sec, l'hecto.... 40 »

M. DELOUPY, André, à St-Denis-du-Sig (Oran).

48. Vin de dessert de 1895, à 1 fr. au détail, l'hecto .... 50 »

M. Ernest DESPAUX, Meurad (Alger).

49. Vin blanc coteaux, l'hecto. 35 » | 50. Vin rouge coteaux, l'hecto. 25 »

M. Hippolyte DESSOLIERS, Maïnis, Ténès (Alger).

51. Bouteilles Pinot, 1895, l'hecto.................................. 45 »
52. Id. Cabernet, 1895, l'hecto .... 35 »
53 Id. Carignan, 1895, l'hecto................................ 30 »
54. Id. Vin blanc, 1895, l'hecto................................ 30 »

M. FABRE, à Bayard, près Jemmapes (Constantine).

55 Vin rouge, 1895, l'hecto.. 40 »

M. FARNAUD, François, Galbois (Constantine).

56. Vin rouge, 1895, la bouteille.. 0f25

M. FLEURY, Hippolyte, à Inkermann (Oran).

57. Vin rose, 1895, l'hecto... 50 » | 58. Vin rouge, 1895, l'hecto.. 20 »

M. FENAGUTTI, Etienne, à Douéra (Alger).

59. Vin rouge, récolte 1895, l'hecto.. 21 »
60. Vin blanc, récolte 1895, l'hecto.. 28 »

M. FÉNAGUTTI, Etienne, à Douéra.

61. Vin rouge, 1895, l'hecto.. 20 » | 62. Vin blanc, 1895, l'hecto.. 27 »

M. FERRANDO, Joseph, à Constantine.

63. Vin rouge de coteaux, récolte 1895, l'hecto.. 40 »
64. Vin blanc rosé de coteaux, récolte 1895, l'hecto.. 60 »

M. GALTIER, Auguste, à Bône.

65. Vin rouge Mersebah, récolte 1895, l'hecto.. 30 »
66. Id. Bou Hamra. id. l'hecto.. 18 »

M. GARBE, Désiré, Exploitation de la Cie Algérienne, à Aïn-Régada (Constantine).

67. Vin rouge, 1895, l'hecto.. 30 »

M. GAUTHIER, Charles, à Marguerite, commune d'Hammam-R'hira (Alger).

68. Vin rouge de montagne, récolte 1895, l'hecto.. 30 »
69. Vin rouge de coteau, récolte 1895, l'hecto.. 30 »
70. Vin blanc, récolte 1895, l'hecto.. 40 »

M. GAUTHIER, François, à Sétif.

71. Vin rouge, récolte 1895, l'hecto.. 30 »

M. GAUTIER, F., à Sétif.

72. Vin rouge de coteaux, 1895, le litre.. 0 30

M. GONTARD, Charles, à Douéra.

73. Vin rouge, l'hecto.. 20 »

MM. GUENOUN frères, Boufarik.

74. Vin de plaine rosé, l'hecto.. 50 »

M. HUMBERT, Gustave, à Berrouaghia.

75. Vin de Pinot, récolte 1895, l'hectolitre.......................... 30 »

M. JENOUDET, Marc, à Margueritte, commune mixte d'Hammam-R'hira.

76. Vin rouge, récolte 1895, l'hectolitre.............................. 30 »
77. Vin rouge, cépage indigène, récolte 1895, l'hectolitre.......... 30 »
78. Vin rouge, cabernet, récolte 1895. l'hectolitre.................. 50 »
79. Vin blanc, pinot noir, récolte 1895, l'hectolitre................ 50 »
80. Vin blanc, pinot, récolte 1895, l'hectolitre...................... 50 »
81. Vin blanc, cépage indigène, récolte 1895, l'hectolitre.......... 40 »
82. Vin blanc, alicante noir et alicante blanc, récolte 1895, l'hecto. 40 »
83. Vin blanc, fait avec divers cépages, surtout l'alicante, récolte 1895, l'hectolitre.. 75 »

M. JOUANE, Léon, à Ste-Clotilde (Mers-el-Kébir).

84. Vin rouge, récolte 1895, l'hectolitre.............................. 25 »

M. LUYAT, Joseph, à Guidjal (Constantine).

85. Vin rouge, récolte 1895. | 86. Vin blanc, récolte 1895.

M. MARNET, Théodore, à Douéra.

87. Vin rouge, l'hectolitre.. 20 » | 88. Vin blanc, l'hectolitre.. 27 »

M. MATHISS, à Mostaganem.

89. Vin blanc, récolte 1895, l'hectolitre.............................. 40 »

M. MURILLON, Joseph, à Grarem (Constantine).

90. Vin rosé, récolte 1895, l'hectolitre.............................. 50 »

M. NAUD, Louis, à Tizi-Reniff (Département d'Alger).

91. Vin rouge, récolte 1895, carignan, alicante et morastel, l'hecto. 22 »
92. Vin blanc, récolte 1895, pinot blanc, l'hectolitre................ 25 »

M. NÈGRE, à St-Joseph (près Bône).

93. Vin rouge, récolte 1895.
94. Vin rosé, récolte 1895.
95. Vin blanc sec, récolte 1895.
96. Vin de dessert, récolte 1895.

M. NOLAND, Ernest-Achille, à Mascara.

97. Vin rouge, récolte 1895, l'hectolitre.......................... 40 »
98. Vin blanc, récolte 1895, l'hectolitre.......................... 40 »

M. PÉLISSIER, propriétaire, à Constantine.

99. Vin rouge, récolte 1895, l'hectolitre.......................... 30 »
100. Vin blanc sec, récolte 1895, l'hectolitre.......................... 40 »

M. PEYRE, Louis, à Galbois, commune de Maadid (Constantine).

101. Vin rouge, récolte 1895, le litre.......................... 0 25
102. Vin blanc, récolte 1895, le litre.......................... 1 »
103. Id. 0 50

M. PICOT, Emile, à Constantine.

104. Vin rouge, récolte 1895, l'hectolitre.......................... 30 »
105. Vin blanc, récolte 1895, l'hectolitre.......................... 30 »

M. PINGET, père, à Constantine.

106. Vin rouge, récolte 1895, l'hectolitre.......................... 35 »
107. Vin blanc sec, récolte 1895, l'hectolitre.......................... 75 »

M. PISANI, Marius, Constantine.

108. Vin rouge, récolte 1895, l'hectolitre.......................... 40 »
109. Vin blanc, récolte 1895, l'hectolitre.......................... 75 »

M. PRADELLE, Pierre, à Sétif.

110. Vin rouge, récolte 1895, l'hectolitre.......................... 40 »

M. PUIVARGE, à Constantine.

111. Vin rouge (1895), l'hecto. 30 »
112. Vin blanc (1895), l'hecto. 50 »

M. RIBOULET et EUVREMER (Veuves), à Randon (Constantine).

113. Vin rouge de plaine, récolte 1895, l'hecto.......................... 25 »

M. ROUGEAT, Auguste, à Aïn-Tédelès (Oran).

114. Vin rouge, récolte 1895, l'hecto.......................... 20 »

M. ROYER et RAISON, à Duzerville (Constantine).

115. Vin rouge (1895), Mourvèdre, Carignan, Alicante et Bouschet, l'hecto.. 20 »
116. Vin blanc (1895), Clairet et Aramon, l'hecto.................. 28 »
117. Vin rosé (1895), Œillade et Aramon, l'hecto........ .... 30 »

M. SAMSON, Gustave, à Sidi-Mabrouk (Constantine).

118. Vin rouge de montagne (1895), l'hecto............................ 30 »
119. Vin rouge de coteaux (1895), l'hecto..... .... 30 »

M. SEGUIN, Marc, à Zemzouma (Petit) (Constantine).

120. Vin blanc sec, récolte 1895, l'hecto....... .... 30 »

M. SONIS (de), au Fort-Génois (Constantine).

121. Vin rouge (1895).
122. Vin blanc, récolte 1895.
123. Vin rosé, récolte 1895.
124. Muscat, récolte 1895.

M. THUILLIER, Joseph-Henri, propriétaire, à Meurad (Alger).

125. Vin rouge, l'hecto .... 25 »
126. Vin blanc, l'hecto...... 35 »
127. Muscat, le litre.......... 1 60

M. TOURNIER, Joseph, au Col-des-Oliviers (Constantine).

128. Vin rouge de coteaux, récolte 1895, l'hecto.................... 26 »
129. Vin blanc de plaine, récolte 1895, l'hecto...................... 30 »
130. Vin rouge, récolte 1895, l'hecto... .... 25 »

M. TRUCHET, Jean-Michel, à Châba-R'sas (Constantine).

131. Vin blanc doux, récolte 1895, le litre.......... .... 1 50

Me VERAX, à El-Hadjar.

132. Vin rouge, récolte 1895.
133. Vin blanc, récolte 1895.
134. Vin muscat, récolte 1895.

M. VERAX, Alexandre, à El-Hadjar (Constantine).

135. Vin clairette (1895), l'hecto............ .... 40 »
136. Vin blanc terret (1895), l'hecto.................................. 40 »
137. Vin rouge (1895), l'hecto......... .... 30 »

M. VERHEYDE, à Montagne-des-Lions, Arcole (Oran).

138. Vins rouges antérieurs à 1895, l'hecto......................... 150 »

M. XIXLUNA, à Bône.

139. Vin rouge, récolte 1895. | 140. Vin blanc, récolte 1895.

II

Vins de récoltes antérieures à 1895

M. BARILLER, Jules, Bou-Sfer (Oran).

141. Vin rouge, récolte 1894, en bouteille depuis un an, la pièce de 220 litres, logée et rendue en gare destinataire .... 100 »

M. BLÉTRY, Alphonse, Domaine de Frendek, Jemmapes (Constantine).

142. Vins blancs secs.

M. BONNEFOY, à Aïn-Smara, précité.

143. Vin blanc sec, 1894, l'hecto.......... .... 60 »
144. Vin blanc sec, 1892.

M. BORIES, Henri, Domaine Ste-Marguerite, Rivoli (Oran).

145. Vin rouge, récolte 1893, l'hecto .... 16 »
146. Vin blanc sec, récolte 1894, l'hecto.......................... 25 »

M. BRUAT, André, à Oued-Seguin.

147. Vin rouge, le litre.. 3 »

M. COMBE, Guillaume, à Souk-Ahras

148. Vin rouge, récolte 1893.

MM. COMBIER, Adolphe et Fernand, à Bertvile.

149. Vin rouge, récolte 1894.
150. Vin blanc sec, récolte 1894.
151. Vin blanc sec, récolte 1893.
152. Vin blanc doux, récolte 1894.
153. Id. muscat, réc. 1894.

M. De COURTOIS, à Bledd-Jaffart, près Constantine.

154. Vin rouge, récolte 1894.
155. Vin rouge, récolte 1894.
156. Vin blanc, récolte 1894.

M. DARTIER, Anatole.

157. Vin rouge, récolte 1894, l'hecto..... .... 25 »

M. DESSOLIERS, Hippolyte, Maïnis, Ténès.

158. Bouteilles Pinot (1893).
159. Id. Carignan (1893).
160. Bouteilles vin blanc (1892).
161. Id. vin de liqueur (1890).

M. FABRE, Sylvain, à Bayard, près Jemmapes (Constantine).

162. Vin rouge, récolte 1891, l'hecto.................................. 75 »
163. Vin rosé, récolte 1891, l'hecto.................................. 75 »

M. FLEURY, Hippolyte, à Inkermann (Oran).

164. Vin rouge (1890), l'hecto.................................. 100 »

M. GALTIER, Auguste, à Bône.

165. Vin rouge Mersebah, récolte 1892.

M. GAUTHIER, Charles, à Margueritte (Alger).

166. Vin blanc (1892), l'hecto.................................. 60 »

M. GARBE, Désiré, Exploitation de la Cie Algérienne, à Aïn-Régada.

167. Vin rouge, récolte 1894, l'hecto.................................. 30 »
168. Vin blanc, récolte 1894, l'hecto.................................. 40 »
169. Vin blanc, récolte 1891, l'hecto.................................. 60 »

M. GROSJEAN, G., à Aïn-Roua, près Sétif.

170. Vin rouge, récolte 1892.
171. Vin rouge, récolte 1894.

M. GROSJEAN, Emile-François, à Richelieu (Constantine).

172. Vin rouge, récolte 1892, 1 hectolitre.................................. 30 »
173. Vin rouge, récolte 1894, l'hectolitre.................................. 30 »

M. JENOUDET, Marc, à Margueritte (Alger).

174. Vin blanc, récolte 1894, blanc pinot, l'hectolitre .... 15 »
175. Vin rouge, récolte 1894, carignan, morastel et alicante, l'hecto. 40 »
176. Id. 1893, cabernet, l'hectolitre.................................. 15 »
177. Id. 1892, cépages mêlés, l'hectolitre.................................. 90 »
178. Id. 1890, pinot, l'hectolitre.................................. 75 »
179. Id. 1886, cépages mêlés avec pinot, l'hectolitre.

M. JOUANE, Léon, précité.

180. Vin rouge, récolte 1893.
181. Vin blanc doux, récolte 1894, l'hectolitre.................................. 50 »

M. MURILLON, Joseph, à Grarem (Constantine).

182. Vin blanc vieux, récolte 1890, l'hectolitre........................ 150 »

M. NÈGRE, à St-Joseph (Constantine).

183. Vin muscat, récolte 1893.
184. Vin rouge, récolte 1893.
185. Vin rouge, récolte 1893.

M. NOLANT, Ernest-Achille, à Mascara (Oran).

186. Vin rouge, récolte 1894, l'hectolitre........................ 40 »
187. Vin blanc, récolte 1894, l'hectolitre........................ 40 »

M. OLIVIER, Henri, à El-Biar (Alger).

188. Vin rouge fin, la bouteille........................ 0 30
189. Vin muscat doux, la fiole........................ 1 »
190. Vin de grenache doux, la fiole........................ 1 »

M. OLIVIER, à St-Joseph, commune mixte des Beni-Salah (Constantine).

191. Vin blanc sec, récolte 1891, l'hectolitre........................ 75 »

M. PUIVARGE, Timothée, à Constantine.

192. Vin rouge, récolte 1894, l'hectolitre........................ 35 »

Mmes RIBOULET et EUVREUMER (Veuves) à Randon.

193. Vin rouge de plaine, récolte 1893, l'hectolitre........................ 30 »
194. Vin blanc, récolte 1894, l'hectolitre........................ 30 »

MM. ROYER et RAISON, à Duzerville (près Bône).

195. Vin rouge, récolte 1894, l'hectolitre........................ 25 »
196. Vin blanc, récolte 1894, l'hectolitre........................ 35 »
196 bis. Vin muscat, plants de frontignan, le litre........................ 1 20
197. Vin rouge, grenache, doux, l'hectolitre........................ 100 »
198. Vin rouge, grenache, sec, genre morastel, l'hectolitre........................ 80 »

M. SEGUIN, Marc, à Zemzouma (Petit) (Constantine).

199. Vin blanc sec, récolte 1891, l'hectolitre........................ 30 »

Mme TOURNIER, Joseph, au Col des Oliviers (Constantine).

200. Vin blanc de dessert, l'hectolitre........................ 90 »

Mme TOURNIER, Joseph, au Col-des-Oliviers.

201. Vin rouge de coteaux, récolte 1894, l'hectolitre.............. 25 »
202. Vin blanc de coteau, récolte 1894, l'hectolitre............... 30 »

M. VERAX, Alexandre, El-Hadjar.

203. Vin clairette, récolte 1894, l'hectolitre........................ 50 »
204. Vin muscat sec, récolte 1894, l'hectolitre........................ 50 »
205. Vin rouge, récolte 1894, l'hectolitre.............................. 40 »
206. Vin rouge, récolte 1894. | 207. Vin blanc, récolte 1894.

M. VERHEYDE, à Montagne-des-Lions (Arcole) (Oran).

208. Vin blanc sec, l'hectolitre.. 120 »
209. Vin rouge, l'hectolitre... 100 »
210. Vin rosé... 200 »

III

Vins de Tunisie (récolte de 1895)

M. BARBAROUX, Marius, aux Genêts, Soliman (Tunisie).

211. Vin blanc sec de plaine, récolte 1895.
212. Vin rouge de plaine, récolte 1895.

M. CRÉTÉ, à Créteville (Tunisie).

213. Bouteilles vin rouge Cabernet, l'hecto.............................. 22 »
214. Bouteilles vin rouge Cinsault, l'hecto.............................. 25 »
215. Bouteilles vin rouge, cépages divers, l'hecto...................... 21 »
216. Bouteilles vin blanc sec, cépages fins, l'hecto.................... 30 »
217. Bouteilles vin blanc, cépages divers, l'hecto...................... 25 »

M. CRÉTÉ, Maurice, à Sidi-Sâad (Tunisie).

218. Vin rouge, récolte 1895, l'hecto.................................... 10 »

M. DARTIER, Anatole, à Sidi-Sâad (Tunisie).

219. Vin rouge, récolte 1895, l'hecto.................................... 20 »

M. PENET, Paul, à Mornag (Tunisie).

220. Vin rouge, récolte 1895, l'hecto.................................... 25 »
221. Vin blanc, récolte 1895, l'hecto.................................... 30 »

M. TERRAS, Jean-Marie, à Ahmed-Zaïd (Tunisie).

222. Vin rouge (1895), l'hecto.......................... 30 »
223. Vin blanc (1895), l'hecto.......................... 50 »
224. Vin de liqueur (1895), l'hecto.......................... 80 »

M. TRUELLE, Léon, à Bou-Nouara, près Tunis.

225 Vin blanc sec de côteau (1895), l'hecto.......................... 35 »

IV

Vins de récoltes antérieures à 1895

M. CRÉTÉ, à Créteville (Tunisie), précité.

226. Vin de dessert, genre Malaga blanc, l'hecto.......................... 70 »
227. Vin rosé, l'hecto.......................... 70 »
228. Vin de dessert, genre Porto, l'hecto.......................... 70 »
229. Vin rouge de plaine, aramon, picpoule.
230. Vin rouge, récolte 1894, l'hecto.......................... 30 »
231. Vin blanc (1893), l'hecto.......................... 40 »

M. CRÉTÉ, Maurice, à Sidi-Sâad (Tunisie).

232. Vin rouge, récolte 1894.

M. CHANHON, à Khanguet-Hadjaz (Tunisie).

233. Vin rouge (1894), l'hecto.......................... 30 »

M. PENET, Paul, à Mornag (Tunisie).

234. Vin rouge, récolte 1894, l'hecto.......................... 30 »
235. Vin blanc, récolte 1894, l'hecto.......................... 40 »

V

Produits de la culture de plantes nouvelles pouvant être propagées en Algérie et en Tunisie

M. BARONNIER, Jules, à Biskra.

236. Ramie urtica tenacissima.
237. Graines de Lab-Lab.
238. Id. Doliques.
239. Id. Soja.
240. Id. Baselle, épinard de Chine.
241. Id. panicum coloneum.

M. NÈGRE, à St-Joseph, près de Bône.

242. Droa-millet à chandelle.

M. SAMSON, Gustave, père, à Sidi-Mabrouk (Constantine).

243. Moutarde noire d'Italie, en gerbe.
244. Moutarde noire d'Alsace, en gerbe.

VI

Expositions scolaire, matériel d'enseignement agricole, collections de modèles, dessins, herbiers, objets de cours, etc.

(1 médaille d'or ; 1 médaille d'argent grand module ; 1 médaille d'argent ; 1 médaille de bronze)

M. HERMITTE, Antonin, à Castiglione (Alger).

245. Herbier scolaire en plusieurs volumes.
246. 50 variétés d'arbustes avec renseignements divers.
247. Tableaux récapitulatifs sur l'enseignement agricole.
248 Plans, cartes et dessins. — Instruments agricoles.

Travaux spéciaux et objets d'enseignement agricole présentés par les professeurs, les instituteurs et les élèves des écoles primaires.

(1 médaille d'or ; 1 médaille d'argent grand module ; 1 médaille d'argent ; 1 médaille de bronze)

M. HERMITTE, Antonin, instituteur à Castiglione (Alger).

249. Cours d'agriculture.
250. Mémoire sur l'invasion des Sauterelles.
251. Notice géographique et historique sur la commune de Castiglione.
252. L'éducation protectrice à l'école primaire.

VII

Expositions collectives faites par des Sociétés, Comices et Syndicats agricoles et horticoles

(Une médaille d'or ; Une médaille d'argent ; Une médaille de bronze)

COMICE AGRICOLE DE BONE, EXPOSITION COLLECTIVE

Participants : MM. Royer et Raison ; Verat ; Xixluna; de Sonis.

Types tabac en feuille « Berbessi », « Arlei » et « Colon ».
Types tabac coupé id.

Lot liége brut.
Lot bouchons divers types.
Lot poudre de liége pour emballage des fruits.
Huile d'olive de la région.

COMICE AGRICOLE DE BOUGIE

150 bouteilles de vin rouge, récolte 1895.
100 Id. de vin blanc, récolte 1895.
20 Id. d'eau-de-vie, récolte 1895.
20 Id. d'huile d'olive.
6 balles de liége.
Céréales, fruits secs et frais, léguminenx.
Bijoux kabyles, objets divers.

COMICE AGRICOLE DE DOUÉRA

Participants : Fenagutti ; Amilhac ; Gontard ; Chocon, Aimé ; Chocon, Albert ; Cabanis, Junior ; Belebach ; Marnet, Th. ; Cabanis, Emile.

COMICE AGRICOLE DE GUELMA

15 échantillons de vins rouges et blancs.
5 Id. d'eau-de-vie.
10 Id. d'huiles d'olives.
5 Id. de blé en grains et en gerbes.
1 échantillon d'orges en grains et en gerbes.
Produits divers agricoles et horticoles.

VIII

Apiculture

Modèles de ruchers, miels et cires

POSSÉDÉS PAR LES EUROPÉENS

(1er prix, 1 médaille d'or ; 2e prix, 1 médaille d'argent ; 3e prix, 1 médaille de bronze)

M. ASENSION, Louis, 8, rue Sauzaie, à Constantine.

253. Ruche à cadres mobiles empêchant l'essaimage, prix.... ... 12 »

M. HOEHN, Joseph, à Oued-Fodda (Alger).

254. Ruche algérienne, brute et vide, avec 26 cadres, prix......... 10 »
255. Ruche algérienne, peinte et garnie de fers de protection contre les voleurs, prix... 16 »
255 bis. Ruche à l'usage des indigènes, prix....................... 5 »

M. NÈGRE, à St-Joseph, près Bône.

255 ter. Extracteur à force centrifuge — Extraction du miel.
255 quater. Ruche à cadre.
255 quinter. Instruments d'apiculture.

POSSÉDÉS PAR LES INDIGÈNES

(1er prix, 1 médaille d'or; 2e prix, 1 médaille d'argent)

Néant

IX

Produits agricoles divers; corps gras; eaux-de-vie et alcools; horticulture, arboriculture, ostréiculture et pisciculture

M. AGRICOLE, Emile, à Constantine.

256. Collection de légumes.

M. AMMOU MOUSSA BEN MOHAMED, caïd des Achèches, Amira d'El-Oued (Constantine).

257. 3 kilos dattes.

M. BARONNIER, Jules, à Biskra.

258. 12 variétés de pommes de terre.
259. 5 variétés de Betteraves fourragères.
260. 6 variétés de Carottes potagères.
261. 1 variété de Carottes fourragères.
262. Chicorée.
263. 6 variétés de Choux potagers.
264. 2 variétés de Courges.
265. 2 variétés de Melons.
266. Fleurs coupées.
267. Géraniums variés.
268. Œillets variés.
269. Roses variées.

M. BARROT, Raymond, Valée, Philippeville.

270. Eaux-de-vie de vin.

Mme Vve BAUDIN, 28, rue Aubert à Mustapha.

271. 1 Corbeille de cocons de vers à soie de la récolte 1895.

272. 4 Corbeilles de cocons représentant 4 récoltes obtenues pendant la seule année 1891, de sous-section en sous-section.

M. BEAUD, Jules, à Sétif.

273. Laine brute, croisée mérinos, le kilo 1 20
274. Id. indigène, le kilo 1 10
275. Id. longue à matelas, le kilo 1 10
276. Blé dur d'Algérie et variétés (en épis), le quintal .... 21 »
277. Orge d'Algérie, le quintal .... 14 »
278. Farine de blé dur, le quintal .... 26 »
279. Semoules de blé d'Algérie, le quintal .... 30 »

M. BELON, Antoine, à St-Denis-du-Sig.

280. Huile d'olive vierge, l'hecto .... 140 »

M. BOISSON, Henri-Fernand, à Constantine.

281. Eau-de-vie de vin, l'hecto .... 175 »
282. Eau-de-vie de marc, l'hecto .... 125 »

M. BONNEFOY, Maurice, à Aïn-Smara (Constantine).

283. Eau-de-vie de vin (1894), l'hecto .... 150 »

M. BRUAT, André, à Oued-Seguin (Constantine).

284. Blé et Orge.
285. Luzerne ensilée et luzerne conservée.
286. Laine brute non lavée.
287. Plan de la propriété.

M. BURE, Adrien, à Herbillon.

288. Eau-de-vie de marc, l'hecto .... 150 »

M. BURELLE, Joseph, à Alger.

289. Pâtes alimentaires.
290. Couscouss.
291. Semoules.

M. CAMBORIEUX, Sylvain, à La Plâtrière.

292. Blé Mohamed El Bachir (en grains).
293. Id. (en épis).

M. CANAS DÉLOSTAL, Paris.

294. Eau-de-vie de Reine-Claude, l'hecto........................ 300 »
295. Id. Cerises, l'hecto.. 400 »
296. Id. fruits divers, l'hecto.................................. 300 »
297. Id. de vin, l'hecto... 400 »
298. Vieilles Eaux de-vie de Reine-Claude (1882).
299. Id. Id. (1885).
300. Id. Id. (1887).
301. Id. Id. (1890).
302. Eau de-vie de prunelles (1886).
303. Id. (1890).
304. Eau-de-vie de fruits (1888 et 1889).
305. Id. de marc (1886-1890-1893).
306. Id. de vin (1887-1888-1893).

M. CARTILLON, Léon, à Tazmalt, Akbou (Constantine).

307. Huile d'olive vierge.

M. CAYLUS, Sifroi, Maire de la Mekla (Alger).

Produits d'une Pépinière créée en 1894 :

308. Frênes.
309. Platanes.
310. Mélias.
311. Muriers.
312. Figuiers.
313. Eau-de-vie de marc, le lit. 1 »
314. Eau-de-vie de vin, le lit.. 1 »

M. CAZENEUVE, Dieudonné, à Aïn-Smara.

315. Sorgho à sucre (en grains).
316. Autre sorgho à sucre (en grains).
317. Sorgho à panache flottant (en grains).
318. Sorgho indigène blanc à épi (id).
319. Autre sorgho indigène blanc à épi (en grains).

M. CHANHON à Khanguet-Hadjaz (Tunisie).

320. Bouteilles, eau-de-vie de vin, l'hectolitre.................... 120 »
321. Bouteilles, eau-de-vie de marc, l'hectolitre.................... 35 »
322. Poils de chèvres.
323. Laines.

M. CHOLLER, Edouard et Emile, à Aïn-Amar (Bouïra).

324. Laine indigène.
325 Laine croisée mérinos.
326. Laine mérinos.

M. COLLIN et Cie, à Mustapha.

327. Moutarde fraiche.
328. Poudre de moutarde, pour usage pharmaceutique, le kilo... 0 90
329. Graine de lin, pour usage pharmaceutique, le kilo.......... 0 45
330. Orge triturée, concassée, le kilo.......................... 0 14
331. Orge aplatie.

M. COURT, Paul, à Staïa (Constantine).

332. Cerises.

M. De COURTOIS, à Bledd-Jaffar (Constantine).

333. Blé dur, indigène, en gerbes.
334. Blé dur de France, en gerbes.
335. Blé bleu de Nice, en gerbes.
336. Orge de France, dit « Pomelle, » en gerbes.
337. Orge du pays, en gerbes.
338. Betteraves sucrières.
339. Betteraves fourragères.

M. CRÉTÉ, à Crétéville (Tunisie).

340. Essence de géranium, fleurs rouges.
341. Ramie.
342. Cocons de soie.
343. Soie grège.
344. Poils de chèvre.
345. Laines brutes.
346. Eau-de-vie de vin, l'hectolitre............................ 110 »
347. Eau-de-vie de marc.

M. CRÉTÉ, Maurice, à Sidi-Saâd (Tunisie).

348. Eau-de-vie de marc, l'hectolitre.......................... 130 »
349. Eau-de-vie de vin, l'hectolitre........................... 110 »

M. DANIEL Louis, à Constantine.

350. Balai en sorgho.

1. Sorgho à balais, en grains.
2. Sorgho à balais, en paille.

DATIER, Anatole, à Sidi-Saâd (Tunisie).

53. Eau-de-vie de marc.
354. Eau-de-vie de vin, l'hectolitre.. 100 »

M. DEGOUL, Jeau, à Oued-Cham. près de la Séfia (Constantine).

355. Avoine
356. Fromage, le kilo.. 2 »
357. Fromage de Hollande, le kilo.. 1 50
358. Beurre.. 3 50

M. DESHAYES. Léon, à Téniet-el-Haâd (Alger).

359. Blé dur clair de montagne, barbe noire, le quintal...................... 20 »
360. Orge blanche, le quintal.. 15 »
361. Orge noire. le quintal..
362. Avoine blonde, le quintal... 16 »
363. Avoine noire de Brie. le quintal.. 18 »

M. VICOMTE DE LA FREGOLIÈRE, à El-Kherba, commune mixte de Collo (Constantine).

364. Balle de liége raclée et visée.

M. FENAGUTTE. Etienne. à Douéra (Alger).

365. Eau-de-vie de vin rouge, récolte 1893, le litre......................... 1 60
366. Eau-de-vie de marc, récolte 1893, le litre.............................. 1 10

M. GALINET. Louis-Léon. rue Traversière, à Alger.

367. Sorgho à balais, les 100 kilos.. 30 »

M. GARBE, Désiré, exploitation de la Cie Algérienne. à Aïn-Régada.

368. Blé dur indigène. Adjini. le quintal..................................... 20 »
368 bis. Orge, le quintal.. 12 »
369. Eau-de-vie de vin, récolte 1894, le litre............................... 2 »

M. GAUTHIER, Charles. à Margueritte. commune d'Hammam-Righa.

370. Eau-de-vie de vin, récolte 1890, la bouteille........................... 3 »

M. GIDROL, Jean-Claude, à Souk-Ahras.

371. Filasses de genets et étoupes.
372. 1 paquet roui par un procédé chimique.
373. 1 paquet naturel.
374. 1 pelote en fil.
375. 1 paquet en corde.

M. GREBIS, à Chateaudun-du-Rhummel.

376. Blé dur, en gerbes, récoltes 1885 à 1895.
377. Blé dur, en grains.
378. Orge, en gerbes et en grains.
379. Fourrage sec de prairie naturelle.

M. JOUANE, Jean, à Ste-Clotilde (Mers-el-Kébir).

380. Eau-de-vie, récolte 1893, l'hectolitre... .... 100 »

M. EL HADJ AMAR BEN ESSA, à Guemar (Souf).

381. Tabac en feuilles, le kilo....... . ... 2 50

M. EL HADJ MESSAOUD BEN BEDADI, Caïd de Messaâba (El-Oued).

382. 2 colis de dattes, 3 kilos.

M. EL HADJ MOHAMED BEN ALI, à Touggourt

383. Dattes dites Deglet-Nour, récolte 1895, le kilo 0 80

M. SI EL HADJ TAHAR BEN TAYED, à Touggourt.

384. Dattes dites Deglet-nour, récolte 1895, le kilog........... .... 0 80

M. HUBA, Hubert, route du Cimetière, Constantine.

385. 12 Bouquets assortis. | 386. 30 Plantes en pots.

M. LABATTUT, J., à Sétif.

387. Farine, 1re qualité..... 26 » | 388. Semoule, 1re qualité.... 30 »

M. LARREY, à St-Donat (Constantine).

389. Laine des Hauts-Plateaux, la toison........... .... 3 50
390. Laine de mérinos, la toison... .... 6 »
391. Froment, le quintal.............. .... 18 »

92. Orge, le quintal .... 10 »
93. Luzerne sèche, le quintal .... 6 »
94. Luzerne fraîche, le quintal .... 6 »
95. Beurre, le kilo .... 5 »
96. Maïs, le quintal .... 13 »

M. LUYA, Joseph, à Guidjal, près de Sétif (Constantine).

397. Laine commune (en suint), laine mérinos (en suint).
398. Beurre en pain.

M. MAFFÉO-MAFFEI, à Tazmalt (Constantine).

399. Huile d'olive.

M. MERLE DES ILES, Antoni, au Val-d'Or, commune Oued-Athménia (Constantine).

400. Pois chiches écossés, les 100 kilos .... 24 »
401. Tuzelle en grains, de Bel-Abbès, les 100 kilos .... 26 »
402. Blé dur dit « Padjini », en grains, les 100 kilos .... 20 »
403. Orge dite « escourgeon », en grain, les 100 kilos .... 15 »

M. MOHAMED BEN ABDERHAMAN, à Behima (El-Oued).

404. Dattes du Souf, le kilo .... 1 »

M. MOHAMED EL CAID BEN NÉBIG, à Debila (Souf).

405. Tabac (en feuilles), le kilo 2 50

M. MOHAMED BEN DRISF, à Marcouna (Lambèse).

406. Laine en toisons, la toison .... 5 »

M. MOHAMED BEN DRISS, à Marcouna (Lambèse).

407. Orge en grains.
408. Orge en gerbes.
409. Blé en grains.
410. Blé en gerbes.

M. CLÉMENT MUSCAT, J.-F., à Bône.

411. Graines potagères.
412. Graines de fleurs.
413. Haricots.
414. Pois.
415. Graines fourragères.

M. NAUD, Louis, à Tizi-Reniff (Alger).

416. Miel.
417. Gourdes.
418. Asperges.
419. Oranges.
420. Citrons.

M. NÈGRE, à St-Joseph, près de Bône.

421. Eau-de-vie de vin.
422. Eau-de-vie de marc.
423. Alcool de vin.
424. Eau-de-fleur d'oranger.
425. Sorgho sucré du Minnesota acclimaté en Algérie.

M. NOGUE, Philibert, à Constantine (Camp-des-Oliviers).

426. 100 Variétés de rosiers en pots, la pièce.... .... 1 50
427. 1 Lot de roses coupées et de fleurs.
428. 50 Pots de plantes diverses.

M. OURY, Emile, à Mustapha.

429. Eau-de-vie de vin (1895), le litre.............................. 1 50
430. Eau-de-vie de vin (1896), le litre...... .... 1 50

M. PENET, Paul, à Mornag (Tunisie).

431. Eau-de-vie de vin, l'hecto.................................... 90 »
432. Eau-de-vie de marc, l'hecto.. .... 35 »
433. Laine de moutons de race barbarine.

M. PERROUD, Joseph, à Vauban (Alger)

434. Epis de sorgho blanc, le quintal.............................. 12 »
435. Epis de sorgho à graines noires, le quintal .... 10 »
436. Epis de sorgho à balais, le quintal..... ... . 10 »
437. Une notice sur 2 variétés nouvelles de sorgho à sucre.

M. PINGET, père, à Constantine.

438. Eau-de-vie de marc, récolte 1894, l'hecto.......... .... 200 »

M. PISANI, Marius, à Constantine.

439. Eau-de-vie de marc (1890), l'hecto.......................... 100 »
440. Vinaigre de vin (1893), l'hecto.............................. 50 »

RIBOULET et EUVREMER (Veuves), à Randon (Constantine).

441. Eau-de-vie de vin, récolte 1895, l'hecto.......................... 150 »

ROCCA, Gabriel, à Sétif.

442. Blé dur (variété Mohamed el Bachir), en grains.
443. Id. id. en gerbes.
444. Orge en grains et en gerbes.
445. Laine brute (toisons lavées et non lavées), le quintal.......... 120 »

MM. ROUSSELET, A. et BENOIT, à Tazmalt, près Akbou (Constantine).

446. Huile d'olives vierge, les 100 kilos.................... ..... 125 »

MM. ROYER et RAISON, Duzerville.

447. Tuzelle originaire d'Oran, les 100 kilos .... 20 »
448. Sorgho sucré, fourrage d'été, les 100 kilos................ 75 »
449. Sorgho à balai pour la paille, id. .... 50 »
450. Pommes de terre de 1896.
451. Sulla (naturelle).
452. Eau-de-vie de vin, l'hecto... .... 110 »
453. Eau-de-vie de marc égrappé, l'hecto.................. 50 »
454. Alfa brut et balai d'alfa.
455. Paille brute et balais fabriqués de sorgho.

M. SAMSON, Gustave, à Sidi-Mabrouk.

456. Froment Richelle blanche.
457. Id. blé blanc d'Oran.
458. Id. blé tendre rouge.
459. Id. blé dur de l'Aurès.
460. Orge ordinaire.
461. Avoine d'hiver.
462. Avoine géante.
463. Avoine de Brie.
464. Avoine de Coulommiers.
465. Avoine d'Algérie.
466. Colza d'hiver.
467. Navette d'été.
468. Graine de Ray-gras d'Italie.
469. Graine de Ray-gras Anglais.
470. Graine de foin de prairies d'Algérie.

M. SEGUIN, Marc, à Zemzouma (Petit).

471. Huile d'olive, récolte 1895, le litre.............. .... 1 25

M. SIMONINI, Léon, à Batna.

472. Pièce de Cèdre de 16 m. de long. sur 0^{m} 70 au carré, le mètre cube 65 »

SOCIÉTÉ AGRICOLE DU SUD ALGÉRIEN, **Biskra.**

473. Plumes d'Autruche, la pièce .... 5 »
474. Œufs d'Autruche, id. .... 8 »
475. Dattes fines, selon le colis de .... 5f 50 à 8 25
476. Dattes sèches, le quintal métrique .... 25 »
477. Dattes grasses, id. .... 15 »
478. Eau-de-vie de dattes, le litre .... 2 »
479. Eau-de-vie de dattes, la bouteille 2 25
480. Liqueur de dattes, id. 3 50

M. THIVOLLE, Jeune, à Aïn-M'Lila.

481. Blé tendres de différentes qualités (en grains).
482. Id. (en gerbes).

M. THIVOLLE, Jean, à Aïn-M'Lila (Constantine).

483. Beurre frais, le kilo .... 3f 50 à 4 »

M. THUILIER, Joseph-Henri, à Meurad.

484. Eau-de-vie fine, l'hecto .... 300 »

M. TOURNIER, Joseph, au Col-des-Oliviers.

485. Eau-de-vie de marc de 1895, l'hecto .... 125 »
486. Id. de vin de 1894, id. .... 150 »
487. Blé dur en grains et en gerbes, le quintal .... 20 »
488. Blé tendre dit « Tuzelle », le quintal .... 20 »
489. Orge indigène en grains et en épis, le quintal .... 16 »
490. Avoine en grains et en épis, le quintal .... 14 »
491. Epis de blé « Miracle », le quintal .... » »

M. TRUCHET, Jean-Michel, à Constantine.

492. Artichauts, la douzaine .. 2 »
493. Betterave fourragère, le quintal .... 3 »
494. Blé « Richelle de Naples »
495. Avoine grise.
496. Fraises, le kilo 0 80
497. Cerises bigarreau de mai, le kilo .... 1 »

M. VALLÉE, Frères, à Bône.

498. Un groupe d'arbres fruitiers, la pièce .... 0f 75 à 3 »
499. Id. .... 1 » à 2 50
500. Diverses plantes d'appartements, arbustes d'agréments, la pièce .... 0f 50 à 15 »

Un groupe Phornium tenax, plantes textiles, la pièce. 0 75 à 3 »
Fleurs coupées, bouquets, gerbes, couronnes, croix, etc., etc.
Conifères élevés en pleine terre et en vases, de....... 0 f 40 à 5 »

X

Engrais, amendements, livres, liqueurs, etc.

M. BOULINEAU, éleveur à Bône.

[illegible]. Un cadre-photographies représentant l'installation de la vacherie modèle Boulineau de Bône. — Photographies des animaux.

505. Une brochure sur la question de l'acclimatation des Zébus de l'Inde en Algérie.

M. GIDROL, Jean-Claude, à Souk-Ahras.

506. 100 kilos de Sulfite de chaux. — Insecticide et engrais.

M. GILLIBERT, Louis, directeur de la Société Pavin de Lafarge, à Alger.

507. Matériaux et objets en ciment Portland-Lafarge pour les exploitations et installations viticoles et agricoles.

GOUVERNEMENT GÉNÉRAL DE L'ALGÉRIE.

508. *Le Pays du Mouton.*
509. *Les Vins de l'Algérie.*
510. *Les Forêts de Chêne-Liège.*
511. *Les Forêts de Cèdre.*

M. LEROUX, Sébastien, 62, rue Michelet, Mustapha.

512. *Traité pratique sur la vigne et le vin en Algérie et en Tunisie*, 2 volumes .... 40 »

513. Brochure « *Ampilographie des cépages indigènes de l'Afrique française du Nord* », 1 volume........................ 1 »

M. CAILLAT, Léon, Alger-Agha.

514. ALTICIDE HUET, destruction radicale et instantanée des altises.

M. MAMI LARBI BEN ABDI, à Constantine.

515. 2 faucons pour chasse.

JURY

M. le PRÉFET du département de Constantine, *Président d'honneur.*
M. LECQ, Inspecteur de l'Agriculture, *Président.*

Prime d'honneur et prix culturaux

Jury chargé de décerner les Primes d'honneur de la grande culture, de la petite culture, de l'horticulture, de l'arboriculture, les prix culturaux, les prix d'irrigation et les récompenses des spécialités, les prix pour les journaliers ruraux et les serviteurs à gages, dans la circonscription sud du département de Constantine :

MM. BOUVAGNET, Conseiller de Gouvernement, *Président.*
RIVIÈRE, Directeur du Jardin d'Essai du Hamma (Mustapha-Alger).
CARRAFANG, Propriétaire, à Saïda (Oran).
CRÉTÉ, Propriétaire, à Crétéville (Tunisie).
CHOUILLOU, Propriétaire, à l'Oued-Amizour (Constantine).

1re ET 2e DIVISIONS

Jury chargé d'apprécier le mérite des animaux reproducteurs, des animaux gras et des animaux de basse-cour

---

1re Section. — Espèce bovine

(Animaux reproducteurs et animaux gras)

MM. DUPLOUX, Inspecteur de l'Elevage en Tunisie.
MILLOT, Agriculteur, à Vallée, près Philippeville.
GAILLARD, Agriculteur, à Praxbourg, près Philippeville.
VAGNON, Agriculteur, à Kerba (Alger).
VAUCHEZ, Directeur de l'Ecole pratique d'agriculture de la Vendée, à Ste-Gemme-la-Plaine (Vendée).
MAHMOUD OU RABAH, Adjoint indigène, Assesseur au Conseil général, Oued-Amizour.
1 Membre nommé par les Exposants.

2e Section. — Espèce ovine

(Animaux reproducteurs et animaux gras)

MM. DELORME, Eleveur, à l'Oued-Seguin (Constantine).

ABDELKRIM BEN BACHTARZI, Propriétaire, à Constantine.

KOHLER, Propriétaire, à St-Charles (Constantine),

CHAPELLE, Professeur départemental d'agriculture du Var (Draguignan).

JOFFRE, Agriculteur-éleveur, au Kroubs (Constantine).

BELKACEM BEN SLIMAN, Propriétaire, adjoint indigène à Seddouk (Constantine).

1 Membre nommé par les Exposants.

3e Section. — Espèce cameline. — Autruches. — Animaux exotiques

---

MM. COUPUT, Gustave, Directeur du Service des bergeries, Alger.

BRUNACHE, Administrateur de la commune mixte d'Aïn-Fezza (Oran).

EL HADJ AHMED BEN BOUZID BEN GANAH, Caïd de M'raïer (Constantine).

SI BACHIR BEN MOHAMED SNOUSSI, Caïd d'Ourlana (Constantine).

1 Membre nommé par les Exposants.

4e Section — Espèce porcine. — Animaux de basse-cour et Abeilles

---

MM. THUILLIER, Propriétaire, à Mouzaïa (Alger).

PERUCHOT, Ecole d'agriculture de Rouïba (Alger).

RYF, Directeur de la Compagnie Génevoise, à Sétif.

1 Membre nommé par les Exposants.

3e DIVISION

Jury chargé d'apprécier le mérite des machines et instruments agricoles

1re Section. — Instruments d'intérieur de ferme

MM. Lantenois, Ingénieur des mines, à Constantine.
Laylavoix, Inspecteur de l'Est-Algérien, à Constantine.
Rivière, Directeur du Jardin d'Essai du Hamma, Mustapha (Alger).
Théry, Propriétaire, à St-Charles (Constantine).
Nibelle, Industriel, à Alger.
1 Membre nommé par les Exposants.

2e Section. — Instruments d'extérieur de ferme

MM. Pelletreau, Ingénieur en chef des Ponts et Chaussées, à Constantine.
Villain, Ingénieur agronome, à Philippeville.
Boisson, Président du Syndicat agricole de Constantine.
Jacob, Ingénieur des mines, Chef du contrôle des Chemins de fer de l'Est-Algérien, à Constantine.
Bure, Propriétaire, à Herbillon (Constantine).
Tournier, Propriétaire, à El-Kantour (Constantine).
1 Membre nommé par les Exposants.

4e DIVISION

Jury chargé d'examiner les produits agricoles et matières utiles à l'agriculture

1re Section. — Vins

MM. Ribars, Propriétaire, en Tunisie.
Buisson, Agriculteur, à Fort-de-l'Eau (Alger).

… Président de la Société d'Agriculture de Constantine.
…RBIER, Conseiller général, à Souk-Ahras.
…ER, Jules, Propriétaire, à Bône.
…UCHER DE CORN, Propriétaire, à Mustapha.
…ARD, Négociant en vins, à Constantine.
1 Membre nommé par les Exposants.

2e Section. — **Produits agricoles et expositions diverses**

MM. BARRION, Propriétaire, en Tunise.
KNILL, Propriétaire, aux Amouchas (Sétif).
TRABUT (Dr), Directeur du Service botanique appliqué auprès du Gouvernement général (Alger).
BEN ALI CHÉRIF MOHAMED CHÉRIF, Propriétaire, à Akbou (Constantine).
MERCIER, Maire de Constantine.
RENIER, Conseiller général, à Guelma (Constantine).
BARBEDETTE, Conseiller général, à Djidjelli (Constantine).
1 Membre nommé par les Exposants.

COMMISSARIAT

MM. **LECQ**, Inspecteur de l'Agriculture, Commissaire général.

BAUGUIL, Professeur départemental d'Agriculture de Constantine, Commissaire aux animaux (espèces bovine, ovine, cameline, animaux exotiques, autruches).

ROSERAY, Professeur départemental d'Agriculture des Deux-Sèvres, Commissaire aux animaux (espèces ovine, porcine, animaux de basse-cour, abeilles).

BRÉHERET, Professeur départemental d'Agriculture de la Drôme, Commissaire aux machines et instruments.

DUGAST, directeur de la Station agronomique, Alger, Commissaire aux vins.

MARÈS, Professeur départemental d'Agriculture, à Alger, Commissaire aux produits autres que les vins et aux expositions diverses.

MEUNIER, Commis-rédacteur au 5e Bureau du Gouvernement général, Commissaire-Secrétaire.

TYP. GIRALT, IMPRIMEUR DU GOUVERNEMENT GÉNÉRAL
rue des Colons, 17, Alger-Mustapha.

www.ingramcontent.com/pod-product-compliance
Lightning Source LLC
LaVergne TN
LVHW050429160826
845677LV00002BA/609

* 9 7 8 2 3 2 9 6 8 9 7 8 4 *